普通高等院校
网络与新媒体专业系列教材

Virtual Reality
Technology
and
Application

虚拟现实技术及应用

许书源 编著

清华大学出版社
北 京

内 容 简 介

本书主要讲解虚拟现实技术理论及应用，内容涵盖虚拟现实技术的软硬件设备、前沿技术与应用案例。本书结合当前新媒体、数智时代和元宇宙发展的背景，力图通过理论与实践案例相结合的方式，向读者阐述虚拟现实技术的基本原理、相关技术及开发经验与流程。

本书分为8章，第1章至第3章主要介绍虚拟现实技术的概念及相关技术；第4章至第7章讲解虚拟现实技术相关工具的使用方法及应用案例；第8章介绍虚拟现实未来的发展方向。

本书以培养数字媒体技术人才为目标进行编写，层次清晰、内容丰富、难易适中，可以作为数字媒体技术、新媒体艺术及传媒类相关专业本科生的教材，也可以作为从事新媒体研究的实践工作者和虚拟现实爱好者的参考书籍。

本书提供课件，请读者扫描封底二维码获取。

图书在版编目(CIP)数据

虚拟现实技术及应用 / 许书源编著.—北京：清华大学出版社，2024.3 （2025.1重印）
普通高等院校网络与新媒体专业系列教材
ISBN 978-7-302-65635-7

Ⅰ.①虚… Ⅱ.①许… Ⅲ.①虚拟现实—高等学校—教材 Ⅳ.① TP391.98

中国国家版本馆 CIP 数据核字 (2024) 第 048087 号

责任编辑：施 猛 王 欢
封面设计：常雪影
版式设计：孔祥峰
责任校对：马遥遥
责任印制：刘 菲

出版发行：清华大学出版社
   网 址：https://www.tup.com.cn，https://www.wqxuetang.com
   地 址：北京清华大学学研大厦 A 座   邮 编：100084
   社 总 机：010-83470000   邮 购：010-62786544
   投稿与读者服务：010-62776969，c-service@tup.tsinghua.edu.cn
   质 量 反 馈：010-62772015，zhiliang@tup.tsinghua.edu.cn
印 装 者：三河市铭诚印务有限公司
经 销：全国新华书店
开 本：185mm×260mm 印 张：11.25 字 数：246 千字
版 次：2024 年 5 月第 1 版 印 次：2025 年 1 月第 2 次印刷
定 价：49.00 元

产品编号：099859-01

普通高等院校网络与新媒体专业系列教材
编 委 会

序　言

当今世界，媒介融合趋势日益凸显，移动互联网的快速普及和智能媒体技术的高速迭代，特别是生成式人工智能(artificial intelligence generated content，AIGC)推动着传媒行业快速发展，传媒格局正在发生深刻的变革，催生了新的媒体产业形态和职业需求。面对这一高速腾飞的时代，传统的人文学科与新兴的技术领域在"新文科"的框架下实现了跨界融合，面向智能传播时代的网络与新媒体专业人才尤为稀缺，特别是在"新文科"建设和"人工智能+传媒"的教育背景下，社会对网络与新媒体专业人才的需求呈现几何级增长。

教育部于2012年在本科专业目录中增设了网络与新媒体专业，并从2013年开始每年批准30余所高校设立网络与新媒体专业，招生人数和市场需求在急速增长，但网络与新媒体专业的教材建设却相对滞后，教材市场面临巨大的市场需求和严重的供应短缺，亟需体系完备的网络与新媒体专业教材。2022年春天，受清华大学出版社的热情邀约，苏州大学传媒学院联合中国科学技术大学、西安交通大学、中国人民大学、北京师范大学等多所网络与新媒体专业实力雄厚的兄弟院校，由这些学校中教学经验丰富的一线学者组成系列教材编写团队，共同开发一套系统、全面、实用的教材，旨在为全国高等院校网络与新媒体专业人才培养提供系统化的教学范本和完善的知识体系。

苏州大学于2014年经教育部批准设立网络与新媒体专业，是设置网络与新媒体专业较早的高校。自网络与新媒体专业设立至今，苏州大学持续优化本科生培养方案和课程体系，已经培养了多届优秀的网络与新媒体专业毕业生。

截至2024年初，"普通高等院校网络与新媒体专业系列教材"已确认列选22本教材。本系列教材主要分为三个模块，包括教育部网络与新媒体专业建设指南中的绝大多数课程，全面介绍了网络与新媒体领域的核心理论、数字技术和媒体技能。模块一是专业理论课程群，包括新媒体导论、融合新闻学、网络传播学概论、网络舆情概论、传播心理学等课程，这一模块将帮助学生建立起对网络与新媒体专业的基本认知，了解新媒体与传播、社会、心理等领域的关系。模块二是数字技术课程群，包括数据可视化、大数据分析基础、虚拟现实技术及应用、数字影像非线性编辑等课程，这一模块将帮助学生掌握必备的数据挖掘、数据处理分析以及可视化实现与制作的技术。模块三是媒体技能课程群，包括网络直播艺术、新媒体广告、新媒体产品设计、微电影剧本创作、短视频策划实务等课程，这一模块着重培养学生在新媒体环境下的媒介内容创作能力。

本系列教材凝聚了众多网络与新媒体领域专家学者的智慧与心血，注重理论与实践相结合、教育与应用并重、系统知识与课后习题相呼应，是兼具前瞻性、系统性、知识性和实操性的教学范本。同时，我们充分借鉴了国内外网络与新媒体专业教学实践的先进经验，确保内容的时效性。作为一套面向未来的系列教材，本系列教材不仅注重向学生传授专业知识，更注重培养学生的创新思维和专业实践能力。我们深切希望，通过对本系列教材的学习，学生能够深入理解网络与新媒体的本质与发展规律，熟练掌握相关技术与工具，具备扎实的专业素养和专业技能，在未来的媒体岗位工作中熟练运用专业技能，提升创新能力，为社会做出贡献。

最后，感谢所有为本系列教材付出辛勤劳动和智慧的专家学者，感谢清华大学出版社的大力支持。希望本系列教材能够为广大传媒学子的学习与成长提供有力的支持，日后能成为普通高等院校网络与新媒体专业的重要教学参考资料，为培养中国高素质网络与新媒体专业人才贡献一份绵薄之力！

2024年5月10日于苏州

前　　言

近年来，随着大数据、人工智能、云计算、5G等技术的辅助加持，虚拟现实技术进入高速发展阶段。虚拟现实技术是新一代信息技术的重要前沿方向，是数字经济的重大前瞻领域，将深刻改变人类的生产和生活方式。2022年，由工信部、教育部等五部委发布的《虚拟现实与行业应用融合发展行动计划(2022—2026年)》提出，到2026年，我国虚拟现实产业总体规模(含相关硬件、软件、应用等)将超过3500亿元。这一目标表明了政府对虚拟现实产业发展战略窗口期的重视，同时也反映出市场对虚拟现实技术的巨大需求和长远预期。

党的二十大报告提出："推动战略性新兴产业融合集群发展，构建新一代信息技术、人工智能、生物技术、新能源、新材料、高端装备、绿色环保等一批新的增长引擎。"虚拟现实技术作为一门崭新的集成型技术，涵盖计算机软硬件、传感器技术、立体显示技术、仿真技术与计算机图形学、人机接口技术、多媒体技术、传感技术、网络技术等，目前已广泛应用于医疗、军事航天、文化、娱乐、工业仿真、文物保护等领域。在医疗领域，虚拟现实技术可以帮助患者进行康复训练，锻炼肌肉和神经系统；在军事航天领域，虚拟现实技术可以用来模拟各种危险环境，让训练者在安全的环境中接受足够的练习；在文化领域，虚拟现实技术可以用来打造各种主题公园、博物馆等场所，游客可以身临其境地感受历史和文化；在娱乐领域，虚拟现实技术能让玩家沉浸于游戏世界之中，充分体验游戏的快乐和刺激。

本书在介绍虚拟现实技术相关知识的基础上，重点介绍了虚拟现实内容开发，详细介绍了相关内容创作工具与开发平台的使用流程与方法，全书共分为8章。

第1章阐述了虚拟现实技术的概念、特征、发展历程，以及虚拟现实技术的应用领域和分类。

第2章介绍了虚拟现实系统的硬件设备，包括建模设备与计算设备、视觉显示设备、声音设备、人机交互设备，还详细介绍了目前市场上的主流VR设备及其功能。

第3章讲解了虚拟现实的技术基础，主要包括立体显示技术、自然交互技术与计算机三维图形技术。

第4章介绍了5种常用的虚拟现实内容制作工具及其基本功能，包括图像3D建模工具、3D全景图生成器、VR世界创造器、三维城市生成工具、虚拟现实制作工具，探讨这些工具在虚拟环境创作和设计中的应用。

第5章介绍了虚拟现实内容创作平台(虚幻引擎)及其各模块的相关功能，包括蓝图系统、材质系统、光照系统、物理引擎等重点内容。

第6章结合HTC VIVE设备与SteamVR插件，介绍了基于虚幻引擎的VR应用。

第7章讲解了如何在虚幻引擎中完整创建一个虚拟汽车交互系统，包括外部模型的导入、交互功能的编写、灯光视觉设置等。

第8章结合元宇宙的概念，展望了虚拟现实技术的发展及未来，包括元宇宙的构建、数字孪生和数字人的应用与相关技术。

编者在编写本书过程中，参阅了大量书籍、文献资料与互联网资源，在此向所有文献资料作者表示由衷的感谢。同时还要特别感谢苏州大学王国燕教授对本书出版的大力支持，以及苏州大学传媒学院研究生汤秀慧同学的鼎力相助。

虚拟现实技术还在迭代升级中，新的理念与产品设备层出不穷，限于编者水平，书中不足之处在所难免，敬请读者批评指正。反馈邮箱：shim@tup.tsinghua.edu.cn。

编者

2023年于苏州

目　　录

第1章 虚拟现实技术概述

"虚拟现实"(virtual reality，VR)一词是由杰伦•拉尼尔(Jaron Lanier)在20世纪80年代提出的。近些年来，随着计算机、互联网技术的发展，虚拟现实技术领域的发展十分迅速，尤其在2016年呈爆发式发展。2021年，伴随着"元宇宙"概念的兴起，"虚拟现实"再度受到关注，成为当下最流行的科技热词之一。此外，增强现实(augmented reality，AR)、混合现实(mixed reality，MR)、扩展现实(extended reality，XR)等术语也开始出现。一时之间，大众对这些新概念难以区分。那么虚拟现实究竟是什么呢？本章将主要介绍虚拟现实的基础知识、应用领域和分类。

1.1 虚拟现实的基础知识

1.1.1 虚拟现实的含义

虚拟现实技术包括计算机、电子信息、仿真等技术，在其基本实现中，以计算机技术为主，综合利用三维图形技术、多媒体技术、仿真技术、显示技术、伺服技术等多种高科技发展成果，借助计算机等设备产生一个逼真的、具有视觉、触觉、嗅觉等多种感官体验的三维虚拟世界，从而使处于虚拟世界中的人产生一种身临其境的感觉。

虚拟现实是指沉浸式、交互式、多感官、以观众为中心、由计算机生成的三维环境，以及构建这些环境所需的技术组合。虚拟现实也是一种身临其境的多感官体验，它依赖于头部追踪、手部追踪、身体追踪以及耳部的听觉，使用户沉浸在虚拟世界，与三维模型进行实时交互。从本质上讲，虚拟现实是对物理现实的克隆。

1.1.2 虚拟现实的基本特征

与传统的人机交互相比，虚拟现实在技术上实现了质的飞跃，用户与虚拟信息进行交互，产生视觉、听觉、触觉上的反馈，体验到一种身临其境的感觉。体验虚拟现实的关键元素是沉浸感、感官反馈(对用户输入的响应)、交互性和构想性，这也是虚拟现实的基本特征。

1. 沉浸感

沉浸感是虚拟现实技术的典型特征，它是指通过使用交互设备，对用户身体感官产生综合刺激后用户所能感受到的虚拟环境的真实程度。

传统媒介如电影，常常通过营造沉浸感来吸引观众，将观众带入剧情。这里的"沉浸"指的是一种沉浸在体验中的感觉，是一种情感或精神状态，它是大多数媒体创作者想要实现的目标。在虚拟现实媒介中，我们将物理沉浸称为虚拟现实系统的特征，它可以替代或增强对参与者感官的刺激。我们将虚拟现实中的沉浸感定义为用户置身于环境中的沉浸感，它既是心理沉浸感，即一种精神状态，也是通过物理手段实现的物理沉浸感。

2. 感官反馈

感官反馈是虚拟现实的重要组成部分。不同于以往媒介仅提供视觉感知，虚拟现实可以带来听觉、触觉、嗅觉等多方面的感知，允许用户拥有接近物理现实的模拟体验。虚拟现实系统还可以根据用户的身体位置提供直接的感官反馈，创造现实世界中不可能出现的场景。从理论上来说，在现实世界中，人的一切感知功能都可以在虚拟现实中模拟。然而由于受到技术水平的限制，现阶段虚拟现实技术的感知功能还仅限于感知视觉、听觉、触觉和运动等方面，其他方面的感知能力还有待提高和完善。

3. 交互性

交互性是指用户对模拟环境中物体的可操作程度和从环境中得到反馈的自然程度(包括实时性)，以及虚拟场景中对象依据物理学定律运动的程度等，它是人机和谐的关键性因素。用户进入虚拟环境后，通过多种传感器与多维化信息环境发生交互作用，用户可以进行必要的操作，虚拟环境的响应亦与真实世界一样。例如，用户可以用手直接抓取虚拟环境中的物体，这时手会有握着东西的感觉，用户可以感觉物体的重量，视野中被抓的物体也能立刻随着手的移动而移动。

4. 构想性

构想性是指虚拟现实技术具有广阔的想象空间，它不仅可以再现真实存在的环境，也可以随意构想客观不存在甚至不可能存在的环境，从而拓宽人类认知范围。用户沉浸在"真实的"虚拟环境中，与虚拟环境进行全方位交互，从中得到启发，深化概念，萌发新意，产生认识上的飞跃。因此，虚拟现实不仅是用户与终端的接口，而且可以使用户沉浸于此环境中获取新的知识，提高感性和理性认识，从而产生新的构思。将这种构思结果输入到系统中，系统会将处理后的状态实时显示或由传感装置反馈给用户。如此反复，便形成一个"学习—创造—再学习—再创造"的过程。因此，可以说虚拟现实能够启发人的创造性思维。

1.1.3 虚拟现实的发展历程

与大多数技术一样，虚拟现实技术不是突然出现的，它是经过军事领域、企业界及学术实验室长时间研制开发后才进入民用领域的。虽然它在20世纪80年代后期被世人所关注，但其实早在20世纪50年代中期就有人提出这一构想。

虚拟现实技术的发展大致分为三个阶段：20世纪50—70年代为虚拟现实技术的探索阶段；20世纪80年代初期到20世纪80年代中期为虚拟现实技术系统化、从实验室走向实用的阶段；20世纪80年代末期至今为虚拟现实技术高速发展的阶段。

1. 虚拟现实技术的探索阶段

1929年，林克发明了简单的机械飞行模拟器(见图1-1)，在室内某一固定的地点训练飞行员，受训者坐在模拟器上的感觉和坐在真飞机上一样，因此可以通过模拟器学习飞行操作，这是世界上第一个商业化的飞行模拟器。由于模拟器使用了泵、阀门等设备，飞行员能够准确地体验控制飞机的真实感受。一些航空组织通过模拟器培训了50多万名来自美国、德国、澳大利亚等国的飞行员，这是虚拟现实技术商业化应用的一次成功尝试。

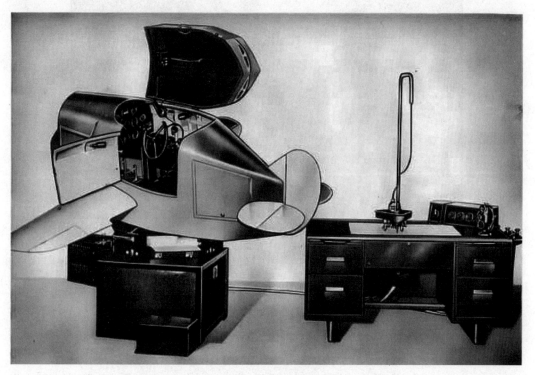

图1-1　飞行模拟器

1956年，在全息电影的启发下，莫顿•海利格研制出一套称为Sensorama的多通道体验显示系统(见图1-2)，这是世界上第一台虚拟现实设备。它结合3D屏幕、立体声扬声器、气味、座椅振动以及风等效果让用户获得多感官体验，而不仅仅是听觉和视觉的感官体验。但观众只能体验而不能改变自己所感受到的世界，也就是说，该系统无交互操作功能。

图1-2　第一台虚拟现实设备 Sensorama

　　1965年，计算机图形学的奠基者——美国科学家伊万·苏泽兰博士在国际信息处理联合会大会上发表了一篇名为 *"The Ultimate Display"* (终极显示)的论文，文中提出了感觉真实、交互真实的人机协作新理论。该理论提出了一种全新的、富有挑战性的图形显示技术，观察者不通过计算机屏幕这个窗口来观看计算机生成的虚拟世界，而是直接沉浸在计算机生成的虚拟世界之中，就像我们生活在客观世界中一样。观察者随意地转动头部与身体(即改变视点)，他所看到的场景(即由计算机生成的虚拟世界)也会随之发生变化，同时，他还可以用手、脚等部位以自然的方式与虚拟世界进行交互，虚拟世界会产生相应的反应，从而使观察者有一种身临其境的感觉。这一理论后来被公认为在虚拟现实技术发展过程中起着里程碑的作用，所以伊万·苏泽兰既被称为"计算机图形学之父"，又被称为"虚拟现实技术之父"。

　　1968年，伊万·苏泽兰创造了第一台虚拟现实头戴式显示器(helmet mounted display，HMD)(见图1-3)，并将其命名为"达摩克利斯之剑"。这是人类第一次将机械装置连接到计算机而不是相机中。

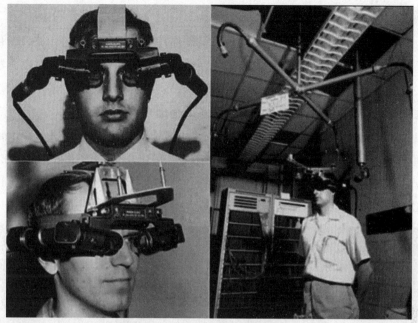

图1-3 第一台虚拟现实头戴式显示器

2. 虚拟现实技术系统化阶段

1980年，Stereo Graphics公司首次生产面向消费者的3D眼镜。

1984年，VPL公司创始人杰伦·拉尼尔正式提出了"virtual reality"一词。在当时研究此项技术的目的是提供一种比传统计算机技术更好的仿真方法。VPL是第一家销售VR眼镜和手套的公司。早期的虚拟现实设备如图1-4所示。

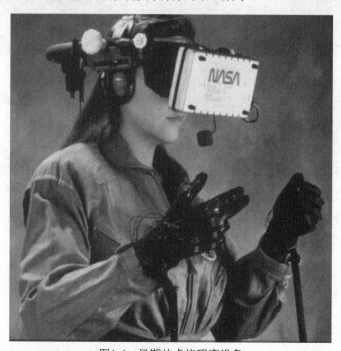

图1-4 早期的虚拟现实设备

3. 虚拟现实技术高速发展的阶段

进入20世纪90年代后，迅速发展的计算机硬件技术与不断改进的计算机软件系统共同推动了虚拟现实技术的发展，使得基于大型数据集合的声音和图像实时动画制作成为可能。人机交互系统的设计不断创新，很多新颖、实用的输入输出设备不断出现在市场上，这些都为虚拟现实技术的发展打下了坚实的基础。

1991年，Virtuality Group推出了Virtuality，这是第一台VR游戏机。Virtuality以其全新的沉浸感震惊了整个行业，并成为虚拟现实娱乐史上首次大规模生产的产品。Virtuality可以支持网络和多人游戏，配备一系列硬件设备，如虚拟现实眼镜、图形渲染系统、3D追踪器和类似外骨骼的可穿戴设备。Virtuality游戏机如图1-5所示。

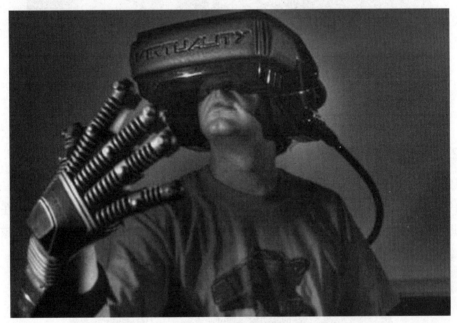

图1-5　Virtuality游戏机

1995年，任天堂推出了一款名为Virtual Boy的游戏机，作为当时的热门产品，该款游戏机不仅是第一款家用VR设备，也是任天堂首次推出的VR游戏设备。在1995年1月举办的消费电子展(CES)上，任天堂声称新设备将给玩家带来与虚拟现实互动的惊人体验。

2015年，谷歌公司推出了Google Cardboard，它将智能手机转变为虚拟现实设备。这是一种非常低成本的设备，旨在鼓励人们积极开发虚拟现实应用。

2016年至今，HTC VIVE、Oculus Rift、Hololens等家用VR设备相继发布，标志着虚拟现实技术已正式进入人们的生活。

1.2　虚拟现实的应用领域

虚拟现实技术是一种可以创建和体验虚拟世界的计算机仿真系统，它利用计算机生成一种模拟环境，带给人们一种身临其境的感觉。这种能够再现真实环境，人们可以介入其中参与交互的特性，使得虚拟现实技术可以在许多领域得到广泛应用。随着各种技术的深入融合与相互促进，虚拟现实技术在娱乐、教育、广告及其他领域的应用都有着广阔的发展前景。

1.2.1　娱乐领域

由于VR设备可以让用户获得听觉、触觉、视觉等感官的沉浸式体验，VR设备在数字娱乐方面具备显著的应用价值。目前来看，虚拟现实在娱乐领域的发展主要涉及VR游戏、VR影视、VR社交等。

1. VR游戏

三维游戏虚拟现实技术的出现使沉浸式游戏体验成为现实。虚拟现实技术与电子游戏和互联网合作的结果是基于以往电子游戏的平面人机互动，将虚拟世界娱乐转变为三维沉浸式人机和人人互动。游戏玩家的注意力完全投射在虚拟现实游戏世界中，在某种程度上，体验者更难脱离虚拟现实游戏。游戏的发展经历了三个阶段，即文本MUD游戏、2D游戏和3D游戏。

目前，Steam中有上千款虚拟现实游戏，其中不乏用户体验好、评分高的游戏。三维游戏虚拟现实技术主要应用于六类游戏：涂鸦类游戏，例如倾斜的刷子(Tilt Brush)(见图1-6)、涂鸦模拟器(Kingspray Graffiti)；桌面类游戏，例如狼人游戏(Werewolves Within)(见图1-7)、巨龙前线(Dragon Front)、空甲联盟(Airmech)；射击类游戏，例如亚利桑那阳光(Arizona Sunshine)(见图1-8)、原始数据(Raw Data)、机械重装(Robo Recall)；竞技类游戏，例如光球之城(HoloBall)(见图1-9)、斯巴克(Sparc)；休闲类游戏，例如没人会被炸掉(Keep Talking and Nobody Explodes)、星际粉碎(Cosmos Crash)(见图1-10)；音乐类游戏，例如节奏空间(Beat Saber)(见图1-11)。

图1-6　涂鸦类游戏：倾斜的刷子(Tilt Brush)

图1-7　桌面类游戏：狼人游戏(Werewolves Within)

图1-8　射击类游戏：亚利桑那阳光(Arizona Sunshine)

图1-9　竞技类游戏：光球之城(HoloBall)

图1-10　休闲类游戏：星际粉碎(Cosmos Crash)

图1-11　音乐类游戏：节奏空间(Beat Saber)

2. VR影视

高盛公司在2016年发布行业报告《VR与AR：解读下一个通用计算平台》，预测VR未来主要应用于九大领域，其中包含游戏与视频娱乐的数字娱乐将占到整个VR产值的四成以上。虚拟现实电影产业正是视频娱乐与VR结合的重要产业。

区别于利用人双眼的视角差和会聚功能制作的可产生立体效果的3D电影，VR电影利用虚拟现实技术及传感器技术，通过计算机系统生成三维环境，在人机交互方面能够达到更逼真、更沉浸的效果。涉足电影产业的各大企业也在积极寻求虚拟现实技术在电影领域的突破。目前，由于拍摄难度与文件体积等现实难题，市面上还未出现大量优秀的VR电影。2017年，第74届威尼斯国际电影节已增设VR竞赛单元。

3. VR社交

虚拟现实技术逐渐被运用到社交中来。新技术赋予的社交新方式将突破传统限制，实现全新的零距离线上沟通。以往因技术和时空等问题导致的视觉观感差、互动娱乐性弱、用户参与度低等问题，都可以通过VR社交来解决。

2016年，Against Gravity公司推出了该公司第一款定位为VR社交的项目Rec Room(见图1-12)。Rec Room支持用户共同创作、共同游戏、共同完成任务，可以将其看作一款综合性的VR社交应用。虽然该应用主要以游戏为主，但其在应用场景中十分重视用户的社交体验，在其应用主界面设置了聚合场景，用户能够聊天互动。类似的VR社交平台或应用还有Altspace VR、VR Chat(见图1-13)等。

图1-12　Rec Room场景图

图1-13　VR Chat场景图

除上述场景外，Facebook的Newsfeed和YouTube均已开始支持360°视频。Facebook已开发Social Photos、Social Cinema、Toybox和VR Room四个社交VR应用。社交行业巨头的系列动作也昭示着社交软件的未来革新方向。

从国内来看，不少互动娱乐公司的VR技术日趋成熟。例如，广州玖的数码科技有限公司拥有VR技术研发中心、VR内容工作室、硬件生产基地，开创了VR+应用模式；北京乐客灵境科技有限公司打造了VRLe平台，面向全球服务VR娱乐B端用户；Ifgames Studio游戏工作室开发了中国第一款VR大空间游戏"星际方舟"，并获得China VR影像大奖等奖项。此外，由于受到疫情的冲击，一些依托于实体经济的线下VR体验店生意凋敝，国内不少VR线下体验店迫于经济问题闭店，但同时也出现了VR演唱会等时代背景下的新兴娱乐方式。未来，VR演唱会等娱乐产业的发展仍是未知数。

1.2.2　教育领域

托马斯·费内斯(Thomas Furness)被称为"VR之父"，他曾说："VR改变社会，从教育开始！"VR在学校教育中的应用(见图1-14)，首要目的是激发学生的学习兴趣；VR在家庭教育中的应用，主要目的是促使孩子全身心投入到学习中去。

在过去的几年中，全球在线教育市场发展迅速，印度、中国和马来西亚排名前三。同时，移动在线教育增长较快，其中K12教育占比接近三成。可以预见，基于在线教育的新教育模式已成为未来发展的关键方向，市场前景广阔。虽然虚拟现实产业还不成熟，需要标准化，但全球教育技术领域正在密切关注其发展和教育应用。目前，已有一些公司生产出VR应用软件作为外语学习工具，内置18种语言，用户可以通过VR头部显示设备与人工智能对话，无须出国就可以学习多种外语。此外，在线课程已成为教育行业的新发展方向，市场上许多虚拟现实设备都支持在线课程应用程序，学生可利用虚拟现实技术在家与教师沟通。总而言之，虚拟现实技术必将成为未来教育行业的一项关键新技术。

图1-14　VR课堂

虚拟现实技术在教育领域中的运用需与学生的学习过程相结合。通俗来说，就是将学习内容可视化，让学生能够在虚拟与现实融合的场景下进行交互式学习。VR教育的运用从教学方面而言，能够实现教学内容与结果可视化；从学生方面而言，因其具备其他教学方式难有的交互性、沉浸性与构想性，能够激发学生的学习兴趣与热情，从多维度调动、锻炼学生的创意思维等潜在能力。

VR教育因其技术特性，在以下方面显著影响教学与学习。

(1) VR能够显著增强学习体验。首先，VR能够带来沉浸式学习的新方式，学生能够亲临"现场"去体验传统教学难以实现的奇特场景；其次，通过计算机与算法技术，VR能够创造个性化学习环境，针对不同学生定制教学方案，提升交互感与趣味性；最后，VR技术多感官调动的实现，可以大大提高学生的学习专注度与记忆度，从而提升学生的学习效率。

(2) VR能够支持学生进行多样化知识探索，使学生达到更高层次的知识建构水平。VR能够通过计算机创造出更为复杂的天文、物理甚至是生态系统与场景，并能够保证学生的安全，降低实践的成本，学生可以在此类场景下模拟现实情况或在更为复杂的场景中进行实践并解决问题，从而加强对学科的探索以及对知识的掌握。例如，在Science Space学习平台中，学生可以探索牛顿运动定律；美国约翰逊太空中心虚拟物理实验室支持学生做虚拟实验，探索力学规律。

(3) VR能够实现学生的技能锻炼与发展。对于较为简单的技能而言，VR能够与游戏相结合，大大增强传统技能训练的趣味性与反馈性，真正实现寓教于乐。这一点在职业教育中若加以运用，效果将十分显著。对于复杂程度较高、难度较大的技能而言，VR能够客观呈现学生水平，分析学生实践数据并加以可视化，便于教师加强指导、学生个人反思，从而实现更高效、更精准的错误反馈与问题诊断。

(4) VR能够在语言学习、远程授课方面提供极大便利。当VR运用于人际和人机沟通与交流时，作为中介的计算机能增强现场模拟感，使用户在语言使用中体验到环境真实感，从而增强语言运用能力和跨文化交流能力。此外，VR与远程教育的结合能够直接突破时间与地域的限制，对于教育资源的平衡与优化有着极大的意义。

VR引入教育领域(见图1-15)后，教师能够通过VR课件制作中心制作VR-PPT进行授课。VR教室也已被投入使用，例如复杂静物一键式快速建模实验室、虚拟现实开放实验室等，主要分为专业实训实验室与学习型实验室两种。

VR技术的普及使人类历史上第一次能够大规模、低成本地提供"沉浸式现场体验"。这是和言语完全不同的教育媒体，它对教育会产生怎样的影响？认知科学的具身认知转向帮我们将未来之门推开了一道窄缝，窥视之下，VR前景无限：未来的教育应该是身心一体、知行合一的，VR是实现这一教育理想的有效工具。

图1-15　VR教育

当前，我国VR技术自主研发能力较弱，VR先进技术长期被国外垄断，基础硬件和核心技术仍需依赖进口，受产业发展牵引，VR在教育领域的发展更侧重于技术环境、基础设施及产品应用研发。现如今，我国VR教育仍处于初级阶段。

1.2.3　广告领域

VR广告是一种创新的广告形态，是虚拟现实技术与广告相结合的产物。VR广告通过创建虚拟场景来解构和重组时间与空间，利用受众的身体认知感官来提高广告的现实感、吸引力、说服力。许多广告商窥见VR广告的广阔发展前景与市场规模，开始逐步投入VR广告的实践。目前VR广告主要是各式加载画面广告与应用内植入性广告，形式包含360°视频广告、剧院级大屏幕视频广告、3D模型广告、2D展示位置广告、应用推荐以及综合上述形式的混合型广告(见图1-16)。VR广告支持多平台展示，可覆盖各种PC端和移动端的VR设备。

VR技术的沉浸性与交互性极强的特点，使得VR广告在传播形式与效果等方面与传统广告相比具有很大的不同。

(1) VR广告打破了时空限制。传统广告所营造的场景与氛围完全依赖于物理意义上的实体物质，并存在时间与空间的局限性，与受众之间具有无法跨越的距离感。VR广告可以凭借虚拟现实技术创造虚拟场景，广告受众可直接跨越时空距离进入虚拟场景进行体验。

图1-16　汽车VR广告案例

(2) VR广告能够模拟产品使用体验。传统广告通过图像、声音、描述等信息展示产品特点和使用效果，提前引导广告受众未来的消费行为，从第三视角帮助消费者做出决策。VR广告则是通过VR技术直接为消费者模拟使用产品的感觉，让消费者根据自己的体验从第一视角做出消费决策。

(3) VR广告可以使消费者参与到广告内容的生产中来。传统广告依靠传统媒体向目标群体传递产品和服务信息，更倾向于单向传播。广告内容的议程设置掌握在媒体和广告商手中，受众只能基于自身喜好决定参与意愿，但无法决定接受哪些广告信息。VR广告可以让广告受众在双向互动中全面审视产品和服务，甚至通过参与广告来改变广告情节的发展，从而升级传统广告中的传播和接受关系。

(4) VR广告虚实交叠，可以使观众的观念与身体"分离"。在传统广告中，广告受众从"第三方"的角度观看广告，观众的身心处于同一空间维度，两者共同审视广告内容。在VR广告中，广告体验者的观念比身体先到达"现场"。体验者的意识与思维在虚拟场景中，而肉体却处于现实世界中。

正是这些差别，使得VR广告具备了传统广告无法比拟的优势。VR广告采取现场体验消费与产品使用的手段，增强了广告的趣味性，大大提高了广告效果，改变了受众的乏味感受，在一定程度上消解了受众对广告的排斥。同时，VR广告的受众较为精准，符合受众需求，而广告主也能预测观看效果，判断广告曝光度与有效度。消费者在全身心投入VR广告之后，参与内容互动，在计算机构建的品牌场景中，更容易获得情感上的共鸣，从而说服自己做出消费决策，并在这一过程中强化对品牌的认知。

在国内，已有不少VR广告投入使用。例如，麦当劳推出了薯条味的VR眼镜(见图1-17)；百事可乐将喝可乐与VR游戏相结合(见图1-18)；耐克与周冬雨合作VR广告——"心再野一点"；欧莱雅为旗下勇气主题香水"Diesel"打造高空VR体验广告——"Only The Brave"。VR广告已经掀起了场景营销的新革命。

图1-17 麦当劳VR眼镜盒子

图1-18 百事可乐VR场景

但是，VR技术对广告的影响具有两面性。一方面，广告商利用虚拟现实技术创造虚拟场景，能够最大限度地扩展广告受众的感知，增强广告吸引力，促进品牌识别甚至优化整个广告市场的发展；另一方面，人工智能应用的灵活性逐渐引起虚拟现实广告中

"人的技能"相关异化的焦虑,越来越多的人开始从伦理角度考察虚拟现实广告,试图探索虚拟现实广告发展的道德约束力,避免虚拟现实技术对广告受众的负面影响。

1.2.4 其他应用领域

除了VR娱乐、VR教育、VR广告外,VR技术还被广泛地应用于工业、军事、医疗、电商等领域。2022年,工业和信息化部、教育部、文化和旅游部、国家广播电视总局、国家体育总局五部门联合发布《虚拟现实与行业应用融合发展行动计划(2022—2026年)》,强调加速多行业、多场景应用落地,面向规模化与特色化的融合应用发展目标,在工业生产、文化旅游、融合媒体、教育培训、体育健康、商贸创意、演艺娱乐、安全应急、残障辅助、智慧城市等领域,深化虚拟现实与行业的有机融合。

1. VR技术在工业领域的应用

VR技术在工业领域的应用已十分深入,例如汽车制造、电子设备生产、家具设计、通用设备制造、船舶设计及仪器仪表制造等行业。工业生产和制造业的发展与进步将被VR技术的嵌入稳步推动。

VR技术为工业管理领域带来了巨大进步,尤其是维修方面。同时,计算机技术的发展为UI设计、3D建模等仿真虚拟应用提供了技术支持,使操作维修者能够拥有全景式沉浸视野,以便于进行全局观的精细化操作。

VR技术在生产工程中的应用也日趋成熟。一方面,在VR技术的加持下,生产过程仿真化极大地提升了产品的生产评估效率,优化了产品的生命周期;另一方面,VR技术为工业设计带来了创新革命,为产品设计提供了新思路和可能性。总体而言,虚拟现实技术的深度应用在生产环节实现了降本增效,在销售环节增强了产品市场竞争力。

VR技术在工业培训领域的应用可以同VR技术在教育行业的应用结合来看,同样发挥着越来越重要的作用。VR工业培训教育降低了教学成本,杜绝了实物教学的风险,也提升了学徒的学习效率。

2. VR技术在军事领域的应用

1968年,军用头盔显示器的诞生佐证了VR技术的研发很早就与军事领域挂钩。如今,VR技术在军事领域的应用研发工作已经开展了几十年之久,其应用范围也大大拓展。VR技术在军事领域的应用主要体现在构建虚拟战场环境、单兵模拟训练、网络化作战训练、军事指挥人员训练、提高指挥决策能力、研制武器装备及网络信息战等方面。战前,VR技术能够为士兵搭建虚拟战场,让士兵适应战场,训练士兵的实战能力;战后,VR技术能重现战场,帮助军官复盘规划,也能辅助士兵进行战后心理治疗。

现有的比较典型的VR军事产品包括应用于作战训练视觉模拟的"虚拟现实军事训练系统"(dismounted soldier training system,DSTS)、应用于军事指挥人员训练的"龙"系统、应用于网络化作战模拟训练的"近战战术训练系统"(close combat tactical trainer，CCTT)等。

3. VR技术在医疗领域的应用

VR技术在医疗领域的应用逐步成熟。VR技术能够具象化抽象的医学知识，加深学生对知识的理解；能够模拟真实手术等医疗环境，帮助学生更好地进行医护技能训练并做出反馈，从而降低临床风险；能够实现医患交流、患者复诊等多场景还原，强化医护人员的综合能力培养。

在康复领域，多重因素导致患者不适合在真实环境中进行康复训练，VR技术的发展能够解决由此带来的问题。VR技术既能高度复制现实场景，也能使训练更加安全、有趣，在认知功能、肢体功能、平衡能力、生活技能等训练方面发挥重要作用。

此外，VR技术在医疗领域与其他技术叠加，显著作用于心理治疗与护理、疼痛缓解、医患沟通、视力治疗等方面，逐步实现跨空间远程便捷化的医疗护理服务。例如，西里西亚大学的科学家为自闭症儿童设计了特殊的3D洞穴，通过虚拟现实技术帮助孩子们进行康复训练。

4. VR技术在电商领域的应用

随着科技的不断发展，虚拟现实技术已经逐渐渗透到各个领域，为各行各业带来了前所未有的变革。在电商行业，虚拟现实技术的引入无疑为消费者提供了沉浸式购物体验，同时也为商家带来了更多的商机。从线上试衣到虚拟店铺，虚拟现实技术正在逐步改变电商行业的形态，预示着一个崭新的未来。

以阿里巴巴为例，这家全球领先的电商平台已经开始尝试将虚拟现实技术应用于在线购物平台。通过与HTC VIVE等VR设备合作，阿里巴巴于2016年发布"BUY+"概念视频，启动"造物神"计划，意在为消费者实现虚拟现实购物。在该平台上，消费者能够在家中轻松地试穿服装、佩戴饰品，甚至参观家具和体验家居用品。这种全新的购物方式不仅让消费者能够在购买前更好地了解产品，还为商家提供了展示产品的全新途径。

国外也有不少零售商在为实现VR电子商务做出尝试。英国一家名为The Body Shop的化妆品零售商利用虚拟现实技术为消费者提供线上虚拟的美容咨询体验。在这个虚拟环境中，消费者可以与专业的美容顾问面对面交流，了解自己的肤质和需求，并根据自己的喜好直接在电子商务平台挑选合适的产品。这种个性化服务不仅提高了消费者的满意度，还为商家带来了更高的客户忠诚度。

1.3 虚拟现实系统的分类

随着计算机技术、网络技术、人工智能等新技术的高速发展及应用，虚拟现实技术发展迅速，并呈现多样化的发展趋势，其内涵也已经大大扩展。虚拟现实技术不仅指采用高档可视化工作站、高档头盔式显示器等一系列昂贵设备来呈现的技术，还包括一切和虚拟现实相关的交互、模拟等技术。人们应用虚拟现实系统的真正目的在于基于自然交互来体验真实场景，一般来说，此类系统价格高昂。在现实的应用场景中，依据虚拟现实技术与系统能够达到的"沉浸性"程度与交互度，可将其划分为桌面虚拟现实系统、沉浸式虚拟现实系统、增强现实系统、混合现实系统与其他虚拟现实系统。

1.3.1　桌面虚拟现实系统

1. 桌面虚拟现实系统的定义

桌面虚拟现实系统(desktop VR)也被称为窗口虚拟现实系统，它是使用个人计算机、初级图形工作站等低级工作站作为设备载体，利用立体图形、自然交互等技术，以电子计算机显示屏作为虚拟世界展示的可视窗口，来产生三维空间交互场景的虚拟现实系统。用户可以通过使用鼠标、键盘等基础电子输入设备，代替宽视野立体显示技术、头眼追踪技术等输入输出设备，来参与、操纵甚至修改计算机中的虚拟世界，实现交互。桌面虚拟现实技术与系统可以看作虚拟现实技术与系统的初级形式或简化形式。由于桌面虚拟现实系统技术比较简单，实用性强，并且成本投入相对较低，拥有相关设备的受众较多，相较于其他虚拟现实系统，其实际应用也更为广泛。

2. 桌面虚拟现实技术的特点

(1) 投资少，成本低。近年来，计算机尤其是个人计算机的软硬件技术发展迅速，为实现桌面虚拟现实技术打下了物质基础。目前，市面上万元左右甚至千元左右的个人计算机足以满足使用虚拟现实软件的条件，基于个人计算机的虚拟现实系统的软硬件系统，通常来说只需要投入十几万元到几十万元。

(2) 操作简单，便于使用。桌面虚拟现实系统的最大特点是用户需要基于个人计算机来使用该系统。大多数拥有个人计算机的用户都能够熟练使用、操作Windows系统，因此对于用户来说，熟练应用具有Windows操作系统风格的桌面虚拟现实系统并不是什么难事。

(3) 适应性强。对于不同行业、不同需求的用户来说，桌面虚拟现实系统能够依赖现阶段的计算机技术通过编程等设计开发手段对桌面进行个性化定制，将产品与需求合理结合，打造具有高适配性的桌面虚拟现实系统。

由于桌面虚拟系统具备以上特点，其应用前景十分广阔。无论是用户还是生产者，都不用为该系统承担过于高昂的成本，且用户便于理解和使用该系统。这些都意味着桌面虚拟现实系统在现实中的推广将会比较顺利。

3. 桌面虚拟现实技术的难点

在短时间内完成巨量的数据运算并呈现运算结果是虚拟现实最关键的技术难点。这也意味着桌面虚拟现实技术的难点是通过微型计算机进行繁杂且艰巨的计算，具体包括以下几方面。

(1) 微型计算机需要实现对海量数据的快速提取。

(2) 为了保持沉浸感与体验感，微型计算机需要避免卡顿的视觉呈现，对实时三维图形生成的技术要求高。

(3) 现有的桌面虚拟现实系统载体——微型计算机还不能很好地实现立体显示与传感，新的三维显示技术与设备亟待开发。

(4) 随着硬件设备的不断升级，桌面虚拟现实系统的技术也需要不断革新，例如开发新的平台与工具。

1.3.2 沉浸式虚拟现实系统

1. 沉浸式虚拟现实系统的定义

沉浸式虚拟现实系统(immersive VR)是一种高级的、较理想的虚拟现实系统，它通过专门的设备，例如洞穴式头盔、头戴式显示器等，封闭用户的感官，切断用户与外界的视听联系，并呈现一个全新的虚拟感官空间，从而实现完全沉浸的体验，用户在体验过程中能够获得高度的"沉浸感"与"体验感"。

沉浸式虚拟现实系统主要由3D输入设备、投影系统、高性能图形工作站、空间位置追踪器、声音系统等部分组成。虚拟现实技术的发展促进了VR硬件设备的不断成熟，例如头戴式显示器、数据手套等，从而满足了沉浸式虚拟现实系统的需求。沉浸式虚拟现实系统凭借其高代入感越来越多地应用在军事、医疗、教育、娱乐等领域。

2. 沉浸式虚拟现实系统的特点

(1) 交互性。沉浸式虚拟现实系统打造的虚拟环境以沉浸、交互为根本，通过交互系统，提供人物活动的多维度场景交互并促进人机交互。

(2) 自主性。沉浸式虚拟现实系统打造的虚拟环境由计算机通过数据运算等手段呈现，在三维立体的视觉呈现后，可以自主运行，不会受到用户的影响或破坏。

(3) 沉浸性。在沉浸式虚拟现实系统打造的虚拟环境中，用户因外界视听被屏蔽，能够在一定程度上脱离对外界的感知，不受外界嘈杂环境的影响，几乎可以全身心地去感受在虚拟世界中看到的、听到的、闻到的甚至是尝到的一切，沉浸感非常强。

(4) 实时性。虚拟现实技术对设备的要求非常高，只有各项数据同步运行且结合头部追踪、空间追踪等技术，实时监测虚拟世界与用户之间的互动情况，高速计算数据并输出，才能保持流畅，从而不影响用户的沉浸感与体验感。

(5) 整合性。为了提高交互性与实时性，实现沉浸虚拟现实的设备应覆盖用户全方位的感知，多种相关的软硬件应协同合作，这样才能实现预期效果，即要求设备具有高度整合性。

3. 沉浸式虚拟现实系统的分类

沉浸式虚拟现实系统可以分为头戴式虚拟现实系统和洞穴式虚拟现实系统。

近年来，头戴式虚拟现实系统开始逐渐向小型化发展，它主要由三部分组成，即头戴式显示设备、交互设备和处理器。该系统的核心设备是HMD，其功能包括实现立体视觉、声音输出和头部跟踪。

随着虚拟现实技术应用领域的扩大以及应用程度的加深，原有的普通显示设备已经无法有效支持虚拟现实技术带来的三维视觉呈现，图像处理能力欠缺的普通设备会直接影响效果。对于沉浸感需求来说，单屏的虚拟屏幕视野也是有局限的，将会使效果大打折扣。而洞穴式虚拟现实系统可以解决或改善这些传统可视化的问题与缺陷。洞穴式虚拟现实系统是由三面以上的投影墙构成的环绕虚拟空间，高质量立体投影使得虚拟物体更加真实，全方位的视野覆盖能够营造高度沉浸感并允许多人同时交互，同时也解决了用户佩戴头盔的沉重感和眼睛眩晕感的问题，从而实现自然交互感、高度沉浸感、最佳融合感。这也就意味着洞穴式虚拟现实系统具备了全覆盖的视野、头部参数变化实时追踪等环境优势，因而它能够提供更具深度和广度的虚拟现实环境，为用户带来更强的体验感、沉浸感与交互感。

1.3.3　增强现实系统

依据设备能够实现的沉浸感与交互效果，虚拟现实设备可以细分为沉浸式头戴显示器与透视型显示器。前者以呈现沉浸式虚拟现实技术为主，能通过切断用户与外界的视听等感官联系，来屏蔽外界真实世界的影响，达到使用户完全沉浸在系统打造的虚拟世界中的效果。后者则主要用于呈现增强式虚拟现实技术，将计算机生成的数字三维虚拟环境叠加到真实环境中去，让虚拟与现实相融合，形成新的感知世界，既保留了用户对真实环境的感知，又增加了用户对虚拟世界的体验。

1. 增强现实系统的定义

增强现实(augmented reality，AR)，即将真实场景融入虚拟环境当中，是对虚拟环境的增强，也是对现实世界感官效果的增强。该技术理论源于1968年虚拟现实技术之父Ivan Sutherland提出的对未来世界显示技术与场景的畅想。Ivan Sutherland认为，未来将会出现能够被计算机控制的虚拟场景，用户进入该场景，能够得到感官体验，并能够对场景进行自然交互。

2. 增强现实系统的特点

1997年，北卡大学的罗那都·阿组玛对增强现实技术进行了定义，他认为，增强现实技术包括三方面，即真实与虚拟的融合、实时交互、三维匹配。增强现实技术的产生与虚拟现实技术的发展紧密相关，因此，增强现实技术同时也具备虚拟现实技术的沉浸感、交互性等特征。综合来看，现代增强现实系统(见图1-19)应具备以下特点。

(1) 能够实现虚拟世界对真实世界的叠加，并将两者高度融合在同一个场景之中。

(2) 具有高度的交互性，能够实时追踪现实世界的变化与用户的行为，并进行高速计算，从而进行实时反馈与调整。

(3) 将现实世界中的物理物体与虚拟世界的物体精确整合，实现精准的三维匹配。

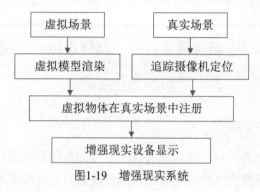

图1-19 增强现实系统

3. 常见的增强现实系统

常见的增强现实系统有基于台式图形显示器的系统、基于单眼显示器的系统(用户一只眼睛看到的是显示屏上的虚拟世界，另一只眼睛看到的是真实世界)、基于光学透视式头盔显示器的系统、基于视频透视式头盔显示器的系统。增强现实系统常用于医疗、制造、军事、教育、娱乐等行业，应用场景也十分广泛。例如，近几年的春晚频繁使用增强现实技术美化舞台效果，不少幼儿教育产品推出了应用了增强现实技术的电子书。

4. 增强现实技术的分类

从增强现实技术的原理来看，可将其分为以下几类。

(1) 基于标记的增强现实，即使用手机等设备的摄像头对提前定义好的图案进行识别，触发AR效果。

(2) 基于地理位置服务(location based services，LBS)的增强现实，主要应用于实景导航等方面。

(3) 基于投影的增强现实，通俗来说就是将信息直接投射到真实物体的表面进行人机交互。

(4) 基于场景理解的增强现实，这是当前使用最广泛的增强现实展现形式。例如，任天堂推出的基于增强现实技术的Pokemon Go手游，将虚拟的游戏角色通过手机显示屏等电子设备叠加到现实世界中。

1.3.4 混合现实系统

混合现实(mixed reality，MR)是指将现实世界与虚拟世界混合在一起，用户所置身的环境既有真实的物理实体又有虚拟的物体或信息。在该场景中，虚拟信息与现实物体能够实时交互，保持一致性，用户能够与现实和虚拟混合产生的环境进行互动，如

图1-20所示。

图1-20   混合现实

1.混合现实与虚拟现实

作为虚拟现实技术的一种，混合现实技术能力为人们带来更为逼真的交互体验，并有望成为未来人们与外界交互的主要方式。混合现实与虚拟现实之间存在很大的区别，虚拟现实可以为用户提供一种沉浸感，让用户完全切断与外界的联系，让视觉、听觉、触觉等都尽可能由计算机来模拟，它是使用户在虚拟世界中体验真实世界的一种技术。而混合现实既能让用户接触到真实的世界，又能让用户接触到虚拟的世界，将虚拟世界与现实世界结合，令用户无法分辨哪些是属于现实世界的，哪些是属于虚拟世界的。实现现实与虚拟的完美结合是这项技术的最终目的。

2.混合现实与增强现实

增强现实技术以现实世界为基础，进行虚拟信息的叠加，例如文字、图案等。与之不同的是，混合现实是真实世界与虚拟世界的交互叠加，混合现实能够将真实世界中的物体叠加进虚拟世界中。在混合现实技术的支持下，现实世界的物体能够通过摄像头等设备进行扫描，再通过计算机对其进行深度计算并进行三维重建，即真实物体虚拟化。通过将现实世界与虚拟世界相结合，创造出一种既有实体又有虚拟的信息，而且必须是"实时"的，这就是混合现实。混合现实系统的虚拟信息与现实信息存在位置差异、相互遮挡、多人交互等情形。

在这样的理解背景下，增强现实通常被认为是混合现实的一种，所以为了方便，现在很多人都会将增强现实和混合现实放在一起讨论，而不是单独去讨论混合现实。从业内的角度来看，增强现实和混合现实之间并没有太大的区别。不过，现在的AR设备无论是在技术还是在屏幕上，都比MR设备要好一些。我们可以通过以下两种方法来区分这两者。

(1) 根据虚拟对象的相对位置是否随着装置的运动而运动来区分。若虚拟对象的相对位置随着装置的运动而运动，则为AR设备；若不随之运动而运动，则为MR设备。

(2) 根据在理想的情况下(在不丢失任何信息的情况下)，能否分辨出虚幻的对象和真实的对象来区分。AR设备生成的虚拟对象都是虚拟的，例如谷歌视窗投影出来的虚拟信息，会随着用户移动；而MR设备将完整的四维光场投影到用户的视网膜上，用户几乎分辨不出虚拟对象与真实对象的区别。

3. 混合现实技术的技术难点

(1) 混合现实系统中的融合技术。在虚拟现实系统中，融合技术并不常用，但对于混合现实系统来说，该项技术却是不可或缺的。混合现实系统要求实现虚拟与现实的有效融合，其核心问题：如何实现虚拟目标与现实目标的匹配？如何保证虚实目标间的光影一致性、几何一致性？其中，光影一致性就是要使场景中的真实物体和虚拟场景中的物体呈现出相同或类似的效果，可以采用颜色标定算法。而几何一致性，就是要让现实和虚拟场景中的物体在空间位置上保持一致，从而实现虚拟和现实的完美衔接。

(2) 基于多人混合现实系统的交互技术。在虚拟现实系统中，交互技术可为用户提供一种方便与系统进行交流的方式，通常使用手柄等外部硬件作为输入装置。而混合现实系统的核心，就是让用户可以自由地和自己的系统进行交流，即使是多个用户共同使用同一个系统，也必须保证彼此不会受到任何影响。

(3) 基于视觉的多目标跟踪技术。在混合现实中，目标追踪技术是一项既有难度又非常重要的技术，它要求计算机能够对目标进行实时、精准追踪。多目标跟踪技术的复杂程度要高于单目标跟踪技术，它需要在单目标跟踪的基础上，考虑遮挡、合并、分离等情况，还要能够对不同的目标进行区分。为了实现对目标的跟踪，通常可采用硬件和视频两种方式。但是传统的硬件追踪技术通常要求用户佩戴传感器、GPS等装备，这会影响用户的沉浸体验，和人与人之间的互动特性不符。所以，在混合现实环境下，基于视觉的目标跟踪技术越来越受到人们的重视。

总之，随着科技的进步，混合现实技术也不再仅限于单个用户使用，以多人互动为基础的混合现实系统将会成为今后发展的主流。

1.3.5　其他虚拟现实系统

除了前文介绍的虚拟现实系统，目前还有分布式虚拟现实(distributed VR)系统等系统以及扩展现实、拟真现实等概念。本节主要介绍分布式虚拟现实系统。

1. 分布式虚拟现实系统的定义

近年来，计算机与通信技术同步快速发展并互相促进，伴随着互联网技术的快速发展，信息应用的深度与广度都发生了根本性改变。分布式虚拟现实系统是虚拟现实技术和网络技术发展并结合起来的产物，它是一个在网络虚拟世界中处于不同物理位置的多个用户或多个虚拟世界通过网络相互连接来共享信息的系统。

分布式虚拟现实技术是一种"沉浸式"的虚拟现实技术，它把分散在各个地点的多个用户或者多个虚拟世界通过网络连接起来，在同一时刻让每一个用户都置身于一个虚拟空间中，用户能够通过计算机和其他人进行互动，共同获得虚拟体验，从而实现协同工作。这一技术将虚拟现实技术推向了一个新高度。

分布式虚拟现实技术的运用与发展有两方面原因：一方面，为了使分散式计算机能够更好地发挥其强大的计算性能；另一方面，一些应用具备分布式特点，比如多个用户进行网络联机游戏、虚拟作战等。

2. 分布式虚拟现实系统的特点

基于分布式虚拟现实系统的工作原理与目标，该系统具有以下特征。

(1) 每个用户都有独立的虚拟工作区，且共享虚拟工作空间。

(2) 虽然是虚拟实体，但具有行动的真实体验感。

(3) 实现了用户的实时共享与互动。

(4) 用户间的通信方式与沟通方式多元且个性化。

(5) 虚拟世界中的资源是共享的。

(6) 用户能够与虚拟世界中的对象进行自然交互。

3. 分布式虚拟现实系统的分类

根据分布式系统所运行的共享应用系统的个数，可以把分布式虚拟现实系统分为集中式结构和复制式结构两种。

(1) 集中式结构是指在中心服务器上运行一个共享应用程序，它可以是会议代理，也可以是对话管理过程，中心服务器对多个用户的输入或输出操作进行管理，允许多个用户共享信息。集中式结构具有架构简单、易于实现的优点，但其不足之处也十分明显，主要体现在两个方面：一是信息的输入输出需要中心服务器的广播，所以对网络通信带宽要求很高；二是所有活动与信息处理都集中在中心服务器上，中心服务器运行过慢可能会在用户较多时成为整个系统的瓶颈。此外，集中式结构的整体系统对网络延时非常敏感。与复制式结构相比，集中式结构对中心服务器的依赖性极高，这一缺陷导致其稳定性较差。

(2) 复制式结构是指将中心服务器复制到每一个参与程序的计算机上，使每一个用户都拥有一份共享应用程序副本。中心服务器接受从其他工作站传来的工作信息，再将信息传递至局域网内的应用程序，由该应用程序完成运算，并输出用户所需要的信息。

复制式结构的优势在于它对网络带宽的要求很低。因为每一个用户都与本地的应用程序进行互动，所以该架构下系统的交互响应效果较好，且在本地主机上产生结果再输出，大大简化了在异种环境中的操作。此外，由于复制的应用程序还是单线程的，能够支持单节点将自身情况向其他用户进行多节点传播与共享。但与集中式结构相比，复制式结构更为复杂，难以保持多备份间信息和状态的一致性，需要设计一种控制机制以确保各备份间的输入一致性，并使各备份间的信息和状态保持输出一致性。

练习题

1. 虚拟现实有哪些基本特征?

2. 虚拟现实技术的发展分为几个阶段?

3. 试举例说明虚拟现实技术在教育、传媒领域的应用。

4. 虚拟现实系统主要有哪些类型?

5. 增强现实系统与虚拟现实系统有什么异同?

第2章　虚拟现实系统的硬件设备

　　虚拟现实系统主要由专业图形处理计算机、具备输入输出功能的硬件设备、建立投射现实的虚拟影像等的应用软件系统、对场景与数据进行管理与储存的数据库及虚拟现实技术研发平台5个部分组成。虚拟现实系统是整个虚拟现实应用领域的基础。

　　本章主要探讨虚拟现实系统中至关重要的硬件设备，主要包括建模设备与计算设备、视觉显示设备、声音设备、人机交互设备。此外，本章还介绍了当前市场上的主流VR设备。

2.1　建模设备与计算设备

1. 建模设备

　　虚拟现实建模技术是虚拟现实技术的核心内容，该技术主要对现实生活中的对象进行三维数据采集，然后将其转化为能够显示在虚拟空间中的对象。建模通常会使用建模软件，但在某些情境需求下，为了提高建模效率，也会使用建模设备来直接建模。

　　建模设备是指通过虚拟现实技术，结合数字图像处理、计算机图形学、传感与测量技术、人工智能、多媒体技术等学科，在多学科交叉融合的基础上，构建出逼近真实世界且能够进行人机交互的虚拟三维空间的环境设备。常见的建模设备有如下几种。

　　(1) 3D扫描仪。3D扫描仪(见图2-1)在建模领域被广泛使用，又称三维数字化仪、三维模型数字化仪，它是对现实世界中的物理对象进行三维建模的重要工具。3D扫描仪主要分为接触式3D扫描仪与非接触式3D扫描仪。接触式3D扫描仪主要有三坐标测量仪和铣削测量机；非接触式3D扫描仪主要有拍照式3D扫描仪、手持式3D扫描仪和CT断层扫描仪。现阶段应用较为广泛的是三坐标测量仪、拍照式3D扫描仪和手持式3D扫描仪。

　　三坐标测量仪适用于外形尺寸简单的物体测量，它的优点是精度高(可达微米级别)、不受物体颜色与光照限制；缺点是容易损伤探头和被测物体表面、不能测软物质、扫描速度慢、被测工件尺寸受三坐标大小限制、易受到温度影响、只能获取关键点以及设备价格十分昂贵。

　　与三坐标测量仪相比，非接触式3D扫描仪更受欢迎，例如拍照式3D扫描仪与手持式3D扫描仪。非接触式3D扫描仪的核心技术是3D激光扫描技术。采用该技术的3D建模设备能够省时省力地完成建模任务，是现行的3D建模软件不可比拟的。

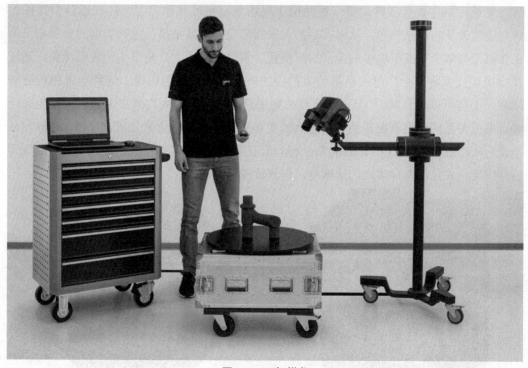

图2-1　3D扫描仪

　　无论是拍照式3D扫描仪还是手持式3D扫描仪，从根本上说，两者的成像原理是相同的。拍照式3D扫描仪依赖拍摄技术，通过激光测距原理(包括脉冲激光与相位激光)，瞬时测得需被建模的物理对象的空间三维坐标值，利用3D激光扫描技术获取空间点云数据，然后将其转化为计算机可识别的数字化信息，从而快速建立结构复杂、不规则场景的三维可视化模型。相对于三坐标测量仪而言，拍照式3D扫描仪轻便快捷、精度高，扫描异形件时也更加精准，根据扫描设备的自动化程度，模型处理软件(如RealityCapture)可以直接输出扫描结果。

　　手持式激光3D扫描仪用来侦测并分析现实世界中物体或环境的形状(几何构造)与外观数据(例如颜色、表面反照率等性质)，搜集到的数据常被用来进行三维重建计算，在虚拟世界中创建实际物体的数字模型。它的原理是基于拍照式3D扫描设备，扫描创建物体表面的点云图，这些点可用来插补成物体的表面形状，点云越密集，创建的模型越精准，可进行三维重建。如果扫描仪能够取得表面颜色，就可进一步在重建的表面上粘贴材质贴图，亦即所谓的材质印射(texture mapping)。

　　拍照式3D扫描仪和手持式3D扫描仪相比，手持式3D扫描仪更加便捷，可以扫描大型物体，扫描场景更加自由灵活，但由于相机像素、镜头尺寸等原因，手持式3D扫描仪的精度低于拍照式3D扫描仪，具体到品牌及工艺，两者还会有所区分。

　　(2) 全景相机。全景(panorama)，又称为3D实景，它是一种新兴的富媒体技术，与视频、声音、图像等传统的流媒体最大的区别是"可操作，可交互"，它能给用户带来全新的真实现场感和交互式感受。用来进行全景拍摄的设备就是全景相机。

全景相机主要有三种。第一种利用小视场角镜头或其他光学元件在运动中扫描物体,连续改变相机光指向,从而实现扩大横向幅度的全景拍摄。这种类型的全景相机的工作原理类似于智能手机中的全景拍照模式。第二种采用大广角镜头或鱼眼镜头,通过视频拼接技术将多个广角或鱼眼镜头拍摄的画面合成最终的影像。这种全景相机分辨率高,幅宽可以达到360°全景,但对后期拼接技术依赖较大,最终影像清晰度更高一些。第三种是同时拥有前后两个摄像头或更多摄像头的专业全景相机,比如GoPro Max全景运动相机(见图2-2)和Insta360 Pro全景相机(见图2-3)。这种相机拍摄的全景作品无须后期拼接,并且拥有非常高的清晰度,但售价较为高昂。

图2-2　GoPro Max全景运动相机　　　　图2-3　Insta360 Pro全景相机

全景相机制作出的影像具备真实性强、制作周期短、成本低、制作速度快、导览性强、适合网络观看与传播等优点,已被旅游、运动等行业广泛使用。

(3) 光场建模设备。该设备利用多相机阵列摄影逼真地重建三维物体,除了呈现物体的三维信息,还有光照效果。它的主要原理是利用不同物体的表面在不同光照下会产生不同的反射效果,比如高光反射、漫反射等,从而模拟出与物体表面一致的反射特性,提高三维物体渲染的逼真度。此类设备成像质量高,但成本耗费极大。

2. 计算设备

虚拟现实的计算设备主要是指创建虚拟场景、实时响应用户操作、实现用户与虚拟世界交互的计算机设备。计算机是虚拟现实系统的心脏,也可称之为虚拟世界的发动机。虚拟现实系统的性能在很大程度上取决于计算机设备的性能,需要其能够实时绘制每一帧画面,并能高速高效地加工处理海量数据与网络传输。虚拟现实系统对计算设备的配置有极高的要求,计算设备必须具备高速的CPU和强有力的图形处理能力。根据CPU的速度和图形处理能力,虚拟现实的计算设备可分为高性能个人计算机、高性能图形工作站和高度并行的计算机。

(1) 高性能个人计算机。高性能个人计算机的核心部分是计算机的图形加速卡。为了加快图形处理速度，系统可配置多个图形加速卡。高性能计算机的构成如图2-4所示。

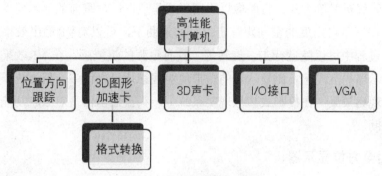

图2-4 高性能计算机的构成

(2) 高性能图形工作站。高性能图形工作站是使用量仅次于个人计算机的计算设备，它具有计算能力更强、磁盘空间更大、通信更快等优点。

(3) 高度并行的计算机。并行计算是计算机技术研发的重点之一。此类计算机的体系结构有多种形式，如多核处理器、集群系统、GPU加速系统、分布式计算系统等。天河高性能计算机系统如图2-5所示。

图2-5 天河高性能计算机系统

2.2 视觉显示设备

1. 头盔(戴)式显示器

头盔(戴)式显示器(head mounted display，HMD)，又称头显，是最早的VR显示器。

它是在虚拟现实领域中用于三维VR图像显示和观测的装置，能够独立地连接到一台主机上，以便接收从主机传来的三维VR图像信号。它的工作原理是通过头盔封闭用户的听觉与视觉，利用仿生学认知与凸透镜成像原理，按照左右眼的区别，通过对二维显示器图像进行光线折射等方式，将图像以不同形式呈现在用户眼前的显示器上。该设备采用头戴式，在三个自由度的空间跟踪定位器的辅助下，可以对VR输出效果进行观察。用户在体验过程中可以随意行走、旋转等，具有很强的沉浸感。在 VR效果的观察设备中，头盔显示器的沉浸感要比显示器的虚拟现实观察效果好得多，但逊色于虚拟三维投影显示器的观察效果。在投影式虚拟现实系统中，头盔显示器是对系统功能和设备的一种补充和辅助。

2. 双目全方位显示器

双目全方位显示器(binocular omni-orientation monitor，BOOM)是一种偶联头部的可移动立体显示设备，它是一种特殊的头部显示设备。使用该设备类似于使用望远镜，它将两个独立的CRT显示器捆绑在一起，由两个相互垂直的机械臂支撑。这样不仅能让用户在半径2米的球面空间内用手自由操纵显示器位置，还能平衡显示器使其始终保持水平，不受平台的运动影响。在支撑臂的每个节点处都有位置追踪器，因此BOOM和HMD一样有实时观测和交互能力。

3. 基于CRT的头盔显示器

该设备由CRT终端和液晶光闸眼镜共同组成，其工作原理是由计算机分别产生左右眼的两幅图像，经过合成处理之后，采用分时交替的方式显示在CRT终端上。用户佩戴一副与计算机相连的液晶光闸眼镜，眼镜片在驱动信号的作用下，将以与图像显示同步的速率交替开闭，即当计算机显示左眼图像时，右眼透镜将被屏蔽；显示右眼图像时，左眼透镜被屏蔽。根据双目视差与深度距离成正比的关系，人的视觉生理系统可以自动将这两幅视差图像合成一个立体图像。

4. 大屏幕投影—液晶光闸眼镜

该设备由大屏幕与液晶光闸眼镜组成。它的工作原理与基于CRT的头盔显示器的工作原理几乎一致，只是将分时CRT显示更改为大屏幕显示，用于投影的CRT或者数字投影机要求有极高的亮度和分辨率，可满足在较大的使用空间内产生投影图像的应用需求。

前文提及的洞穴式虚拟现实系统(CAVE)就是基于投影、环绕屏幕的视觉显示系统设备。用户置身其中能够随意移动，从不同角度、方位去观察与体验虚拟现实。除此之外，大屏幕投影系统还有圆柱形的投影屏幕与由矩形拼接构成的投影屏幕等。

5. 智能眼镜

智能眼镜是一种极富创意的新型虚拟现实视觉显示设备，它可以让人们直接从手持设备中解脱出来。智能眼镜与自然交互界面相结合，相当于手持终端的图像界面，既不需要用户双手端着设备，也不需要用户进行点击屏幕输入或选择等行为，只需要进行正常的点头摇头、转动眼球、说话等人类本能行为，就能够与智能眼镜进行交互。此类设备降低了用户的使用门槛与学习成本，改善了用户的使用体验。

6. 裸眼立体显示设备

裸眼立体显示设备基于裸眼立体显示技术，结合人双眼的视觉差与三维图像的原理，生成两幅图像——一幅给左眼看，一幅给右眼看，使人的双眼产生视觉差异。由于双眼观看屏幕的角度不同，用户不需要液晶眼镜等眼部辅助性设备就可以看到立体图像。

2.3　声音设备

虚拟现实技术中的"人—机—环境"交互需要生成逼真的三维声音信息。首先，建立音源数据库、声音环境特性数据库和方位脉冲响应数据库；其次，通过三维声音实时处理合成音源、声音与虚拟环境脉冲响应的卷积处理、声音与人耳滤波器的实时卷积、声音的各分量叠加等步骤，得到三维虚拟声音信号，再经D/A变换后由耳机输出。听觉通道需要解决的是为用户的听觉系统提供在立体声场中能识别的声音类型和强度，并判定声源的位置接口，其技术难题在于如何合成由接口提供的虚拟声音信号。此外，还需要解决在虚拟空间中发声和定位虚拟声音信号的设备问题，目前主要的方法是采用立体音响和语音识别技术。声音设备主要有耳机、扬声器与麦克风。

1. 耳机

耳机通常是双声道，且耳机能够贴合用户的头部，随着用户移动而移动，实时跟踪用户头部运动，因此耳机比扬声器更容易实现立体声和3D空间化声音的表现。此外，耳机还具有更好的独立性、隐私性、便携性和空间性等优点。对于用户来说，头戴式视觉显示设备内置的耳机便于用户操作设备，用户也不会受到回声的影响。常见的耳机有以下几种。

(1) 封闭式耳机(见图2-6)。此类耳机能够提供最好的隔音以及音响效果。然而，从重量与热量的角度来看，用户长时间使用封闭式耳机可能会导致耳部不适。该耳机采用内共振，倾向于提供较少的音频再现。如果封闭式耳机的佩戴方式错误，如耳机位置高于耳朵时，会压紧耳廓引起轻微的音频再现。此外，由于该耳机能够很好地隔离外界声音，用户在使用该耳机时可能听不见现实世界中的声音，如开门声、手机提示声等，这可能会给用户带来不便。

(2) 开放式耳机。开放式耳机通常比封闭式耳机更加容易正确佩戴且佩戴体验感更为舒适(但这种耳机不能为用户隔绝外部环境，不具备外放功能)。该耳机可以与低音炮配合使用，用户可以此来体验虚拟现实中的安静区域。它和封闭式耳机一样，当用户将开放式耳机放在耳边或罩在耳朵上时，它可能会发出轻微的撞击声。

图2-6　封闭式耳机

(3) 入耳式耳机。入耳式耳机(见图2-7)能够提供优越的环境隔离效果，该耳机是非常轻量级的，在整个设备声音传播范围内都具有极好的频路响应。入耳式耳机必须插入耳道使用，因此该耳机能够从用户的耳廓处就消除噪声的影响(不像头戴贴耳式耳机)，进而完全消除外耳道声音的影响，而大多数HRTFs(头部相关传输函数)捕获的正是外耳道的声音。

图2-7　入耳式耳机

2. 扬声器

扬声器又称"喇叭"，它是一种位置固定的听觉感知设备。营造声音沉浸感最常见的方式是将扬声器环绕在用户周围，例如杜比5.1或7.1声道的配置。然而部分音响通常被设置在固定、狭窄的位置，因此扬声器阵列系统会遭受关键缺陷的困扰，即难以像耳机一样即时跟踪用户的头部运动，混响与反射的空间会影响回声，没有隔音效果易使用户受到外界声音干扰。不过，扬声器阵列具备声音大、可使多人感受等特点，适合要求大音量的环境，例如大剧场的强声音乐等。

3. 麦克风

头戴式显示器的内置麦克风是常用的声音输入设备。虚拟现实系统能够通过头戴式显示器的内置麦克风，利用语音识别技术实现与用户之间的语音交互。VR系统中的语音识别装置主要用于合并其他参与者的感觉道(听觉道、视觉道)。当有大量数据输入时，语音识别系统可以进行处理和调节，就像人类在工作负担很重的时候会暂时关闭听觉道一样，不过这样会影响语音识别技术的正常使用。

2.4　人机交互设备

1. 数据手套

在虚拟现实技术中，数据手套(见图2-8)是一种常见的交互设备。数据手套设有弯曲传感器，弯曲传感器由柔性电路板、力敏元件、弹性封装材料组成，通过导线连接至信号处理电路。在柔性电路板上至少设有两根导线，以力敏材料包覆于柔性电路板大部分，再在力敏材料上包覆一层弹性封装材料，柔性电路板留一端在外，以导线与外电路连接。数据手套可以将用户的手部姿态，实时、准确地传递到虚拟环境中，还可以把与虚拟物体的接触信息反馈给用户，让用户以更加直接、自然、高效的方式与虚拟世界互动，从而加强互动性和沉浸感。同时，该设备还能够为用户提供一种通用的、直接的人机交互方法，尤其适合于要求用具有多自由度的人手模型来进行复杂操作的虚拟现实系统。

图2-8　数据手套

2. 力矩球

力矩球(space ball)是一种外置的具有6个自由度的输入装置。6个自由度分别是宽度、高度、深度、俯仰角度、转动角度和偏转角度，可以通过扭曲、挤压、伸展、摆动等方式操控虚拟场景，实现自由漫游，或操控虚拟环境中物体的空间位置和机器方向。力矩球通常用发光二极管测量力。该设备通过固定在球体中央的张力装置测量人手施加的压力，将所测数据转换为平移运动与旋转运动的数值，然后将这些数值传送至计算机，从而改变输出数据。由于力矩球在选取对象时不够直观，一般需配合数据手套等设备一起使用。

3. 操纵杆

操纵杆是一种可以提供前、后、左、右、上、下6个自由度及手指按钮的外部输入设备，适合对虚拟飞行等的操作。由于操纵杆采用全数字化设计，其精度非常高。无论操作速度多快，它都能快速做出反应。操纵杆的优点是操作灵活方便，真实感强，相对于其他设备来说价格低廉；缺点是应用场景单一，如虚拟飞行。

4. 触觉反馈设备

如果没有触觉反馈设备给予用户触觉反馈，那么用户在虚拟现实环境中触碰物体时就会像挥动空气一样感到虚无，从而会降低沉浸体验。触觉反馈的主要实现方法是模拟视觉感知、气压感、振动触感、电子触感和神经肌肉感知。相较于电子触感反馈装置和神经肌肉模拟反馈装置，比较安全的触觉反馈装置主要有充气式触觉反馈装置和振动式触觉反馈装置。

(1) 充气式触觉反馈装置。充气式触觉反馈装置的工作原理是在数据手套中配置一些微小的气泡，每一个气泡内都有两根很细的管道用来进气与出气，这些管道汇总在一起，与控制器中的微型压缩泵相连接。使用该设备时，需要根据实际情况采用压缩泵对气泡进行充气与排气，达到刺激皮肤从而形成触觉反馈的目的。

(2) 振动式触觉反馈装置。振动反馈是用声音线圈作为振动换能装置以产生振动的方法。简单的换能装置可以是一个未安装喇叭的声音线圈，而复杂的换能装置需要利用状态记忆合金制作。当电流通过这些换能装置时，它们都会发生形变和弯曲。可以根据需要把换能器做成各种形状，把它们安装在用户皮肤表面的各个位置，这样用户就能产生对虚拟物体的光滑度、粗糙度的感知。

5. 力反馈设备

力反馈设备运用先进的技术手段跟踪用户身体的运动，将用户在虚拟空间围绕物体进行的运动转换成对周边物理设备的机械运动，并施加力给用户，使用户能够感受到真实的力度感和方向感，从而体验即时的、逼真的人机交互感受。力反馈设备与触觉反馈设备是两种不同的反馈设备，前者反馈力的大小和方向，后者反馈更为细节且丰富的感知，如质感、温度等。目前，力反馈设备比触觉反馈设备更为成熟，主要的力反馈设备有力反馈鼠标、力反馈操纵杆、力反馈手臂、力反馈手套。

6. 运动捕捉设备

运动捕捉设备的工作原理是把真实的人的动作完全附加到一个三维模型或者角色动画上。运动捕捉设备作为三维动画的主流制作工具，在国外已得到业内的认可和应用。动画师通常借助运动捕捉设备来模拟真实感较强的动画角色，并将实拍中演员与动画角色的大小比例相匹配，然后借助运动捕捉设备来捕捉演员的细微动作和表情变化，真实地还原在动画角色上。

典型的运动捕捉设备由信号捕捉设备、接收传感器和处理单元三部分组成。信号捕捉设备负责捕捉、识别传感器的信号，并将运动数据从信号捕捉设备快速准确地传送给计算机系统。信号捕捉设备会因系统的类型不同而有所区别，对于机械系统来说，信号捕捉设备是一块捕捉电信号的线路板；对于光学系统来说，信号捕捉设备是高分辨率红外摄像机。接收传感器是固定在物体特定部位的跟踪装置，它负责向系统提供运动物体的位置信息，会随着捕捉的细致程度确定传感器的数目。处理单元负责处理系统捕捉到的原始信号，计算传感器的运动轨迹，对数据进行修正、处理，并与三维角色模型相结合。处理单元既可以是软件也可以是硬件，它借助计算机高速的数据运算能力来完成数据处理，使三维模型真正、自然地运动起来。

运动捕捉技术运用于虚拟现实中，能够准确测量用户的动作并即时反馈给显示和控制系统，其核心作用就是测量、跟踪、记录物体在三维空间中的运动轨迹。

7. 数据衣

在虚拟现实中，数据衣通常用于动作捕获。数据衣作为虚拟现实系统的输入设备，其原理是基于触觉反馈技术，使用大量触觉传感器获得数据，从而进行图像重建。数据衣能够对人体约50个不同关节(包括四肢、躯干等)进行测量，利用光电转换技术，使计算机识别人体的动作信息，同时，数据衣又会对人体产生反作用力，如压力、摩擦力等，从而使用户获得更真实的体验。

和数据手套等设备一样，数据衣也存在一些缺陷，比如延迟大、分辨率低、覆盖范围小、使用起来不方便、尺寸难以普适等。在采用数据衣对人体进行整体探测与跟踪时，不仅要探测人体四肢的伸展状态，还要探测其在空间中的定位与方向，因此需要大量的空间追踪器。

2.5 主流VR设备

1. Oculus Quest

Oculus Quest是马克·扎克伯格于2018年9月在Oculus Connect 5大会上宣布推出的VR无线一体机(见图2-9)。Oculus Quest头显屏幕采用OLED屏和菲涅尔透镜，视场角约为

100°，IPD调节范围在58～72mm，支持Oculus Insight Tracking技术，采用四摄Inside-Out追踪，内置音频定位系统，配备一对6Dof手柄。以Quest 2为代表的VR一体机已经突破以往使用的不适感问题，支持更多的应用场景，成为市场上颇受欢迎的VR产品，占据了相当一部分市场份额。在国内市场上较受欢迎的其他同类产品有Pico、DPVR。

图2-9　VR设备Oculus Quest

2. Hololens

Microsoft HoloLens MR头显由Microsoft公司于北京时间2015年1月22日凌晨与Windows 10同时发布(见图2-10)。作为MR智能眼镜，HoloLens实现了将计算机生成的物体混合到真实世界中，将计算机生成的虚拟物体投放入用户的视线中，将虚拟效果叠加于现实世界之上。用户佩戴该设备以后，仍然可以行走自如，随意与人交谈，完全不必担心因为视野的改变而撞墙，MR眼镜将会追踪用户的行动和视野，并同步生成适当的虚拟对象，通过光线投射到用户眼中。用户还可以通过手势、手指点击等方式与虚拟3D对象进行交互。

图2-10　VR设备Hololens

3. HTC VIVE

HTC VIVE(见图2-11)是一款基于PC开发的虚拟现实头戴式装置，由HTC联手游戏巨头Valve开发而成。HTC VIVE通过三个部分为用户创造沉浸式体验：一个头戴式显示器、两个单手持控制器、一个能在空间内同时追踪显示器与控制器的定位系统。该设备屏幕显示已经实现5K的双眼分辨率，视野已达到120°视场角。

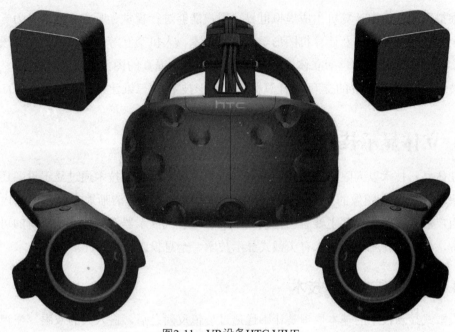

图2-11　VR设备HTC VIVE

练习题

1. 视觉显示设备有哪些？
2. 运动捕捉设备的工作原理是什么？
3. 全景相机包括几种类型？

第3章 虚拟现实的技术基础

虚拟现实系统由计算机生成虚拟世界，用户能够进行视觉、听觉、触觉、力觉、嗅觉等全方位的交互，涉及计算机图形学、传感技术、人机交互等多个领域。现阶段，虚拟现实技术的基础主要包括立体显示技术(即实时显示逼真的图像、声音等内容)、自然交互技术(即与虚拟世界的交互)与计算机三维图形技术(即三维建模、实时渲染等)。

3.1 立体显示技术

立体显示技术以人眼的立体视觉原理为依据，运用一定的技术通过显示设备还原立体效果，可以展现图像的空间、层次和位置，使用户直观和清晰地看到图像的内容信息。用户需要借助的设备主要有头戴式显示器、眼镜式显示器及其他造价昂贵的可穿戴式设备，已经广泛应用的技术有头戴式显示技术、全息投影技术、光场成像技术。

3.1.1 头戴式显示技术

头戴式显示技术的基本原理是让影像透过棱镜反射之后，进入人的双眼，在视网膜上成像，营造出在超短距离内看超大屏幕的效果，而且具备足够高的分辨率。头戴式显示器通常拥有两个显示屏，两个显示屏由计算机分别驱动，向人的两只眼睛提供不同的图像，再通过人的大脑将两个图像融合，使人获得深度感知，从而看到立体图像。

和传统的显示器相比，头戴式显示器形似头盔，如今随着技术的进步，一些头戴式显示器更加轻薄，形似眼镜。比如Google眼镜，也是头戴式显示器的一种。除了外形，在显示技术上，头戴式显示器和普通的显示器也有所差别。普通显示器利用面板成像，而头戴式显示器的显示模式分为两种：一种是利用体积微小的面板成像，包括LCD、LCOS、OLED等面板，将影像投射到人的眼睛中，相当于在人眼前架设一个微小的投影机系统；另一种是利用激光扫描显示技术，这种技术通过微电子机械系统直接把信息"写"在人眼的视网膜上。

当前市场上主流的头戴式显示设备有Oculus Rift、Oculus Quest、HTC VIVE、Sony Playstation VR、3Glasses、Pico VR等，这些设备大多应用双显示屏技术设计而成。

3.1.2 全息投影技术

1. 全息投影的技术原理

全息投影技术(front-projected holographic display)也称虚拟成像技术，是利用干涉和衍射原理记录并再现物体真实的三维图像的技术。和传统立体显示技术利用双眼视差的原理不同，全息投影技术可以通过将光线投射在空气或者特殊的介质(如玻璃、全息膜)上呈现3D影像。人们可以从任何角度观看影像，得到与现实世界中完全相同的视觉效果。

利用全息投影技术展现三维效果共分为以下两步。

(1) 利用干涉原理记录物体光波信息。被摄物体在激光辐照下形成漫射式的物光束；另一部分激光作为参考光束射到全息底片上，和物光束叠加产生干涉，把物体光波上各点的位相和振幅转换成在空间上变化的强度，从而利用干涉条纹间的反差和间隔将物体光波的全部信息记录下来。记录着干涉条纹的底片经过显影、定影等处理程序后，便成为一张全息图，或称全息照片。

(2) 利用衍射原理再现物体光波信息。全息图犹如一个复杂的光栅，在相干激光照射下，一张线性记录的正弦型全息图的衍射光波一般可给出两个像，即原始像(又称初始像)和共轭像。再现的图像立体感强，具有真实的视觉效应。全息图的每一个部分都记录了物体上各点的光信息，因此原则上它的每一个部分都能再现原物的整个图像，通过多次曝光还可以在同一张底片上记录多个不同的图像，而且能互不干扰地分别显示出来。

全息投影原理如图3-1所示。

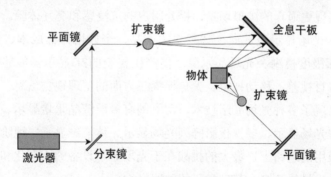

图3-1 全息投影原理

2. 全息投影技术的分类

(1) 空气投影和交互技术。空气投影将所接收的图像信息经过激光直接投射到空气中，在抽放空气的过程中，对空气中的粒子进行排布，从而实现三维全息立体的播放效果。

(2) 激光束投影技术。氮气和氧气在空气中散开时混合而成的气体会变成灼热的浆状物质，浆状物质不断在空气中进行小型爆破，从而形成短暂的3D图像。

(3) 雾幕立体成像系统。该技术借助空气中的微粒，通过镭射光在空气中成像，同时使用雾化设备产生人工喷雾墙，结合平面雾气屏幕，再将投影仪中的图像投射到喷雾墙上，从而形成全息图像。

(4) 360度全息显示屏。360度全息显示屏由南加利福尼亚大学创新科技研究院的研究人员研制而成，该技术是将图像投影在一种高速旋转的镜子上，从而形成三维图像。

3.1.3　光场成像技术

光是人类对物理世界进行观测与感知最重要的载体之一，人类通过人眼接收场景中物体发出的光线(主动或被动发光)进行感知。成像感知系统是人眼的延伸，能够捕获、记录、分析场景的光信息。然而，现有的成像感知系统大多仅支持二维成像，人类只能通过二维窗口去观察三维世界，从而丢失了三维世界的丰富信息。而光场成像技术可以把人眼看到的光线空间采集下来，再将光线进行重组，从而让虚拟现实模拟出人眼基于距离对物体聚焦、移动的效果，捕捉光线信息，重现三维世界。

光场成像技术采用特殊设计的光场照相机，在成像过程中捕捉的不再是普通相机采集到的光面，而是记录了整个光场。也就是说，光场照相机能捕捉一个场景中来自所有方向的光线，能够让用户在拍完照片之后再借助相关算法对光线进行处理，从而得到特殊的成像效果。

对光场技术的研究主要分为两大方面，即光场采集和光场显示。

光场采集技术相对更成熟，目前在某些面向企业用户的领域，已经基本达到可以落地使用的程度。光场采集的主要作用是通过捕捉光线在三维空间中的方向、强度和颜色等属性，从而实现更逼真的虚拟场景，提升用户的沉浸感和交互体验。

相比之下，光场显示是偏向个体用户的产品，个体用户在成本、体积、功耗、舒适度等多方面都极度挑剔。光场显示除了能产生传统的2D显示器能够提供的所有信息外，还能提供双目视差、移动视差、聚焦模糊三方面的生理视觉信息。在光场显示技术发展过程中，出现了多种光场显示技术，常见的有多层液晶张量显示、数字显示、全息显示、集成成像光场显示、多视投影阵列光场显示、体三维显示。现阶段，光场显示正在通往商业化应用的道路上，最大的挑战在于光场显示设备的小型化和低功耗，这需要材料学、光学、半导体等多个基础学科的共同努力。

光场成像技术正逐渐应用于生命科学、工业探测、国家安全、无人系统和虚拟现实、增强现实等领域，具有重要的学术研究价值和产业应用前景。进入 21 世纪以来，光场成像技术无论是在理论上还是应用上，都得到了长足的发展。2011年，Lytro公司发布了世界首款消费级光场照相机，光场技术可以实现"先拍照后对焦"的功能，可以让任何景深的景物立刻成为拍摄焦点，用户完全不必考虑景深问题。

3.2　自然交互技术

从第一台计算机诞生开始，人机交互方式就成为计算机研究领域的重要课题，受到人们的关注。随着VR/AR时代的来临，传统的人机交互方式已经远远不能满足人们的需求。虽然多媒体信息处理技术极大地丰富了人机交互的内容和手段，但人机交互能力距离人类天生的自然交互能力还差得很远。因此，模仿人类本能的自然交互技术成为虚拟现实系统技术的重要基础。虚拟现实系统运用的自然交互技术主要有动作捕捉、体感交互、眼动跟踪等。

3.2.1　动作捕捉

众所周知，动画和游戏中的角色(包括人物和动物)会做出奔跑、跳跃、打斗等动作，为了使这些动作看起来生动逼真，可以通过传感器和软件，把真人演员的动作转录成数字模型的动作。在虚拟现实系统中，为了实现虚拟场景和用户的自然交互，仍然需要通过动作捕捉系统捕捉人体的基本动作，包括手势、表情和身体运动等，如图3-2所示。

图3-2　动作捕捉系统

虚拟现实动作捕捉系统可以捕捉用户在真实世界里的动作，并将这些动作转换成虚拟世界中的动作，从而使用户可以在虚拟世界中进行自然和真实的操作。虚拟现实动作捕捉系统的应用涵盖游戏、娱乐、培训等多个领域，它的优势在于可以让虚拟世界真实、有趣，使玩家可以获得逼真的虚拟现实体验。

动作捕捉主流技术分为两大类，一类是光学动捕，另一类是非光学动捕。光学动捕技术包括主动光学动捕和被动光学动捕；非光学动捕技术包括无标记动捕、惯性动捕、机械动捕、电磁动捕和声学动捕等。

1. 光学动捕

典型的光学动捕系统通常有6~8台相机，环绕表演场地，这些相机的视野重叠区域就是表演者的动作范围。为了便于处理，通常要求表演者穿上单色服装，在身体的关键部位，如关节、髋部、肘、腕等位置贴上一些特制的标志或发光点，称为"marker"，视觉系统只识别和处理这些标志。系统定标后，相机连续拍摄表演者的动作，并将图像序列保存下来，然后进行分析和处理，识别其中的标志点，并计算其在每一瞬间的空间位置，进而得到其运动轨迹。

为了得到准确的运动轨迹，要求相机有较高的拍摄速率，一般要求达到每秒60帧以上。摄像头会发出特定波长的光，经反光标记点反射后，每个摄像头都有标记球的二维坐标，经软件的3D重建算法计算后，就能得到标记点在场地的三维坐标。摄像机以一定频率传送坐标给软件，经软件计算后，用户就能得到不同时间的标记球坐标数据，时间与坐标就是动捕系统能提供的两个原始数据。据此，软件能计算出速度、加速度矢量以及刚体的六自由度位姿信息。把这些信息导入MotionBuilder做修复，再导入3Ds Max、Unreal等软件与模型绑定，就能得到我们常见的动捕动画效果了，如图3-3所示。

图3-3　光学动捕技术

主动光学动捕和被动光学动捕的基本工作原理都是一样的，不同之处在于被动运动捕捉系统所使用的追踪器是一些特制的小球，小球表面涂了一层反光能力很强的物质，在摄像机的捕捉状态下，它会显得格外明亮，使摄像机很容易捕捉到它的运动轨迹；而主动运动捕捉系统所采用的跟踪点是本身可以发光的二极管，它无须辅助发光设施，但是需要能源供给。被动捕捉系统的摄像机在镜头周围有一些会发光的二极管，标记点能把这些二极管发出的光反射回镜头里，在每帧图像中形成一个个亮点，从而使系统有"迹"可寻。

2. 非光学动捕

(1) 无标记动捕。无标记动捕技术不需要借助光学设备，可以单纯依靠能识别景深的摄像机和特定软件来记录动作数据，使用便捷，极大地降低了动捕技术的应用门槛和成本，但捕捉精度较低。例如，苹果手机摄像头与自带的ARKit。

(2) 惯性动捕。惯性动捕的主要工作原理是在演员身体的重要关节点绑定惯性陀螺仪，通过分析运动中陀螺仪的位移偏差来判定人的动作幅度和距离，从而获取演员身体活动的数据。为了准确传送对象信息，传感器需要采用线缆或无线的方式将相关信息传送至中央处理器。如果采用线缆传送信息，布线工程必不可少；如果采用无线的方式传送信息，设备通常需要自身携带电源，例如电池组。

(3) 机械动捕。机械动捕依靠机械装置来跟踪和测量运动，典型的系统由多个关节和刚性连杆组成。机械动捕的一种应用形式是将欲捕捉的运动物体与机械结构相连，物体运动带动机械装置运动，从而被传感器记录下来；另一种应用形式是用带角度传感器的关节和连杆构成一个"可调姿态的数字模型"，其形状可以模拟人体，也可以模拟其他物体。常见的机械动捕产品有X-Ist的Full Body Tracker和Animazzo的Gypsy系统。

(4) 电磁动捕。电磁动捕的工作原理是通过电磁感应，利用感应器和发射器之间的相互作用来实现对物体位置的追踪。这种技术可以提供相对较高的精度和灵敏度，适用于需要准确追踪用户头部、手部或其他交互设备位置的虚拟现实和增强现实应用。

(5) 声学动捕。声学动捕装置由发射器、接收器和处理单元组成。发射器是固定的超声波发生器。接收器一般由三个呈三角形排列的超声波探头组成。系统通过测量发射器到接收器的时间差或相位差，可以计算并确定接收器的位置和方向。这类设备成本低，但捕捉运动时延和滞后大，实时性差，精度普遍较低，声源和接收器之间不能有大的遮挡物体，受噪声和多次反射干扰大。由于声波在空气中的传播速度与气压、湿度和温度有关，采用声学动捕时，必须在算法中进行相应的补偿。

随着计算机软硬件技术的飞速发展和动画制作要求的提高，发达国家的运动捕捉已经进入了实用化阶段，有多家厂商相继推出了多种商品化的运动捕捉设备，例如美国的Motion Analysis和OptiTrack、英国的Vicon等，很多设备都已成功运用于虚拟现实、游戏、人体工程学研究、模拟训练、生物力学研究等领域。近年来，我国也有不同品牌的动捕设备在市场上出现，例如瑞立视(见图3-4)、青瞳视觉、度量科技等公司的产品。

图3-4 瑞立视主动光学相机

3.2.2　体感交互

体感交互技术又称为动作感应控制技术，它是一种直接利用用户躯体动作与周边装置或环境互动，由机器识别并解析用户的动作，并做出反馈的人机交互技术。体感交互强调创造性地运用肢体动作、手势等现实生活中已有的方式和计算机交互，而无须为人机互动额外学习，从而减轻了人们对鼠标、键盘等非自然操控方式的依赖，缓解了手指与鼠标、键盘的紧张关系，使用户得到良好的交互体验。

体感技术始于2004年，索尼公司推出的一款PS2游戏机的配件EyeTOY带来了一种新颖的人机交互方式。在游戏中，EyeTOY的摄像头会将电视前的玩家扫描并整合到游戏画面中，玩家可以在游戏场景中挥动双手来进行拳击、放烟花等游戏。2006年，任天堂发布的游戏主机Wii将玩家挥动手柄的动作复制，并在游戏中的卡通人物上重现，如图3-5(a)所示。2010年，微软公司发布迄今最为成功的体感设备Kinect，它具备动态捕捉、影像辨识、麦克风输入、语音识别等多种功能，如图3-5(b)所示。

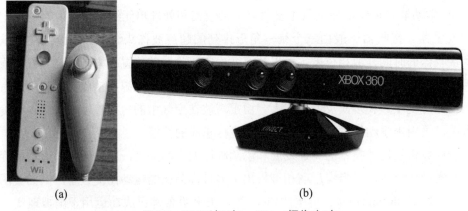

(a)　　　　　　　　　　　　　　　　(b)

图3-5　Will手柄(左)，Kinect摄像头(右)

体感交互在技术实现方面已基本成熟。根据感知方式与原理的不同，可将其分为惯性感测、光学感测、惯性及光学联合感测。这三类技术各有优势，适用于不同的场景。由于专利壁垒，不同厂商选择了不同的技术路线。以Kinect为例，Kinect的核心部件由一个特殊的3D体感摄影头构成，具有即时动态捕捉、影像辨识、麦克风输入、语音辨识和社群互动等功能。它以影像辨识为核心技术，结合了2D平面影像与3D深度影像，可精确捕捉玩家的身形轮廓与肢体位置，判断玩家的姿势动作并将这些动作映射为对游戏的操作。Kinect的基本组成部分为红外发射机、红外摄像头、彩色摄像头和麦克风阵列。红外发射机发出光源照射人体，经过反射后被红外摄像头读取并分析红外光谱，创建可视范围内的人体和物体深度图像，进而识别人体动作；RGB摄像头可以拍摄视角范围内的视频图像，对人体动作进行辅助校正；由4个麦克风构成的阵列可采集声音，过滤背景噪声和定位声源，或进行语言识别。

体感交互在游戏、娱乐领域的应用已经比较广泛，目前人们不断探索体感交互在其他领域的应用。体感交互的应用融合了认知和文化层面因素，基于手势的沟通方式，鼓励用户去触摸、移动或者以其他方式操纵设备。将体感交互应用在教学领域，有利于培养学习者的手眼协调能力、社交合作能力以及创新思维能力。从用途来看，体感交互的探索性应用也正在快速发展，被大量用作教育游戏以及运动技能训练工具。此外，体感交互设备还可以作为一般性的教育技术装备，承担交互式白板、空中鼠标和键盘等功能。

3.2.3　眼动跟踪

眼动跟踪是指通过图像处理技术，确定瞳孔位置，获取瞳孔中心坐标，并通过某种算法计算人的注视点，使计算机知道用户正在观看的方向和内容。人类获取的外部信息主要依据人眼感知的视觉信息，眼动跟踪能直观地反映人的注视点和注视时间。

眼动追踪常用的测量技术是瞳孔角膜反射技术。该技术的基本理念是使用一种光源对眼睛进行照射使其产生明显的反射，并使用一种摄像机采集带有这些反射效果的图像，然后使用摄像机采集到的这些图像来识别光源在角膜和瞳孔上的反射。这样我们就能够通过角膜与瞳孔反射之间的角度来计算眼动的向量，然后将此向量的方向与其他反射的几何特征结合起来，计算出视线的方向。高性能眼动仪如图3-6所示。

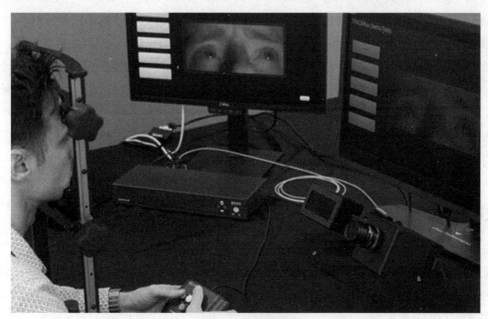

图3-6　高性能眼动仪

当前市场上常见的眼动跟踪仪主要有遥测式眼动仪、眼镜式眼动仪、VR头盔式眼动仪。

1. 遥测式眼动仪

遥测式眼动仪包括桌面高精端眼动仪、便携遥测眼动仪，它是一种吸附于屏幕下方的长方形设备，或者与屏幕结合的一体机设备。通过算法处理眼动相机获取到的眼睛图片，可以得到眼睛面向屏幕的注视方向向量，再结合眼动仪相对于屏幕的位移和旋转，通过坐标系转换，就可以得到被试相对于屏幕坐标系的注视位置。遥测式眼动仪采用非接触设计，不需要额外穿戴设备，具有高采样率、高稳定性，主要应用于实验室内基于屏幕的眼动研究。便携遥测式眼动仪还可与移动终端手持设备结合使用，进行数据采集。

2. 眼镜式眼动仪

眼镜式眼动仪的工作原理与遥测式眼动仪类似，通过穿戴在用户眼睛周围的设备采集眼动信息。眼镜式眼动仪通常自带场景摄像头和离线处理设备。离线处理设备用于计算注视方向向量，结合眼动仪相对于场景相机采集视野坐标系的位移和旋转，通过坐标系转换，就可以得到被试相对于场景图像坐标系的注视位置。

3. VR头盔式眼动仪

VR头盔式眼动仪将眼动仪集成在VR头盔内部，采集个体在虚拟环境下的眼动关注点，其采集原理和眼镜式眼动仪一致。VR头盔式眼动仪可获取三维空间内的注视点坐标，完整还原交互数据，它主要用于虚拟仿真环境的眼动研究。

随着眼动跟踪技术的普及，越来越多的商业眼动跟踪仪被研发出来。例如，瑞典的Smart Eye眼动仪能为用户提供一个远程眼动跟踪系统，包括视频成像及分析软件，可实现高精确度全帧速率的三维图像，主要应用于智能驾驶、飞行模拟器、网页设计、阅读研究和心理实验室等多个研究领域。又如HTC VIVE Pro Eye内置Tobii眼动跟踪系统，可以在运行虚拟现实功能的同时采集眼动数据，还可以在使用者注视的区域呈现清晰图像，并对其他区域进行一定程度的模糊处理，具有较好的注意力可视化能力。此外，Oculus、Magic Leap、Hololens等商用虚拟现实智能设备都集成了眼动跟踪系统，广泛应用于交互控制、目标识别、身份验证、健康监测、社交和多人协作等多个领域。

3.3 计算机三维图形技术

构建细节生动、逼真的三维虚拟环境对于虚拟现实技术的实现是至关重要的。三维图形技术的发展，为虚拟现实内容生产带来了诸多可能性。本节将重点介绍虚拟现实中的三维图形技术，包括传统的三维软件建模、三维扫描建模、三维全景技术以及虚拟现实技术实现的三维引擎。

3.3.1 三维软件建模

1. 常用的三维软件建模技术

三维软件建模是利用三维制作软件对虚拟三维物体和环境进行形体塑造、空间描绘和布置的过程。常用的三维软件建模技术有多边形建模、曲面建模、参数化建模、逆向建模等。

(1) 多边形建模。多边形建模是一种常见的建模方式，是将一个对象转化为可编辑的多边形对象，然后通过编辑和修改该多边形对象的各种子对象来实现建模的过程。可编辑多边形对象包含vertex(点)、edge(线)、polygon(面)三种子对象编辑模式。与其他建模方式相比，多边形建模表现出更大的优越性，它可以处理复杂的模型表面，细节部分可以任意加线，面数越多越可以表现出更多的细节。多边形建模早期主要用于游戏领域，后随着硬件性能的不断提升，它的优势逐渐被体现，如今已被广泛应用于影视行业，成为CG (computer graphics，计算机图形学)行业中最主要的建模方式，如图3-7所示。

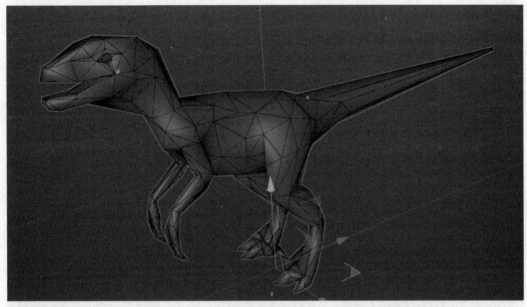

图3-7 多边形建模

(2) 曲面建模。曲面建模也称为NURBS建模，它由曲线组成曲面，再由曲面组成立体模型，曲线有控制点，可以控制曲线曲率、方向、长短。曲面建模属于两大流行建模方式之一。曲面建模通过曲线构造方法生成主要或大面积曲面，然后进行曲面的过渡和连接，通过光顺处理、曲面编辑等方法完成整体造型。曲面建模非常适合创建光滑的物体，如数码产品、汽车等。但是曲面建模的要求很多，这种建模的缺点也很明显，有点麻烦且很难精准参数化，因此曲面建模主要用于视觉表现，以生产效果图或者视频表现为主。

(3) 参数化建模。参数化建模可以使用特征和约束捕获设计意图，让用户可以自动执行重复性更改。参数化建模技术适用于要求苛刻和涉及制造标准的设计任务，例如产品设计、室内设计、建筑设计、工业设计等。

(4) 逆向建模。逆向建模是基于现实中存在的人物、物品进行建模的一种方式。逆向建模生成的模型通常面数非常多，需要采用多边形建模技术进行优化。逆向建模主要起辅助作用，生成的模型可用于数字可视化、影视、游戏及其他科研领域。

2. 常用的三维建模软件

市场上有许多优秀的建模软件，比较知名的有Maya、Blender、Cinema 4D、Auto CAD、SketchUp等。这些建模软件的共同特点是利用一些基本的几何元素，例如立方体、球体等，通过一系列几何操作，例如平移、旋转、拉伸、挤压以及布尔运算等来构建复杂的几何场景。不同的三维软件，有其各自的特点和擅长领域。

(1) Maya。Maya是美国Autodesk公司出品的世界顶级的三维动画软件，应用对象是专业的影视广告、数字游戏、角色动画、电影特技等。Maya功能完善，工作灵活，制作效率极高，渲染真实感极强，是电影级别的高端制作软件。由于Maya软件功能强大，体系完善，国内外大多数公司和三维动画从业者都将Maya作为其主要的创作工具。

Maya软件提供多边形建模、NURBS曲面建模、细分建模等多种建模方式，并在处理模型UV、材质编辑、动画制作等环节都具备完善的功能。此外，Maya与Unreal、Unity等虚拟现实引擎能够实现无缝衔接，用户可以一键将Maya中的模型资产发送至引擎中渲染，大大提升了虚拟现实场景构建的效率。Maya 2020工作界面如图3-8所示。

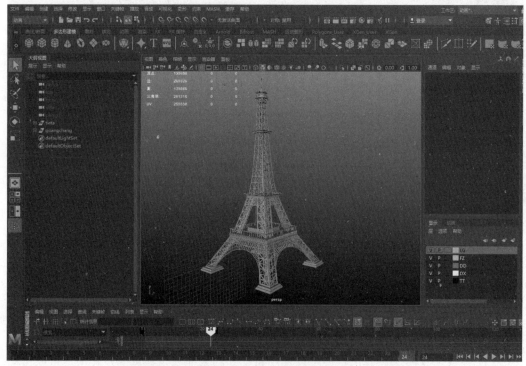

图3-8　Maya 2020工作界面

(2) Blender。Blender是一款免费的开源三维图形图像软件，可为用户提供建模、雕刻、绑定、动画、材质、特效、渲染等CG制作全流程的解决方案。

Blender拥有方便在不同工作场景中使用的多种用户界面，内置绿屏抠像、摄像机反向跟踪、遮罩处理、后期结点合成等高级影视解决方案，同时内置Cycles渲染器与实时渲染引擎EEVEE，还支持多种第三方渲染器插件。Blender可以在Linux、macOS以及 Windows系统下运行。与其他3D建模工具相比，Blender对内存和驱动的需求更低。Blender界面使用 OpenGL，在所有支持OpenGL的硬件与平台上都能为用户提供一致的体验。

免费开源是Blender受到用户追捧的一个重要原因，对于个人创作者和小工作室而言，采用Blender可有效避免软件的版权问题。许多开发者将自己编写的插件上传到官方论坛中供大家使用，插件类型涵盖建模、动画、渲染、材质等各个方面，设计师可以根据自己的需求和习惯下载所需插件，优化自己的工作流，提升效率。同时Blender官方也建立了插件商城，包括众多强大且完整的插件工具，让插件开发者和Blender官方人员都有动力共同维护软件的生态，创造出更多具有创造力的工具。Blender3.4工作界面如图3-9所示。

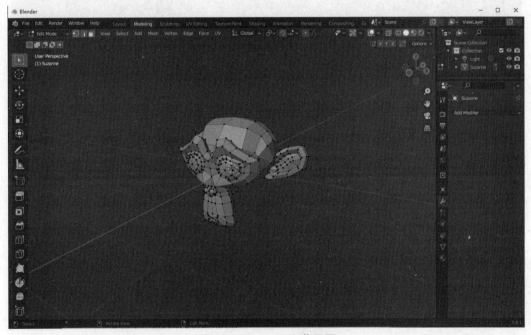

图3-9　Blender3.4工作界面

(3) CINEMA 4D。CINEMA 4D(简称C4D)是一款由德国Maxon公司开发的高级三维动画软件，它主要用于制作复杂的三维动画和模型，是一款多功能的3D建模软件。它可以让用户轻松创建出真实世界中任何形状的物体，也可以快速渲染出真实的画面。C4D为用户提供了强大的创作工具，可以用来创建动画、游戏、建筑可视化、特效、展品、平面图像等内容。

作为一款全流程的三维图形软件，C4D涵盖建模、贴图、材质、动画、特效等多个模块，与Maya、3Ds Max等主流三维软件在功能上并无太大差异，在很多方面可以作为其他三维软件的替代工具。但相较于其他几款软件，C4D更适合初学者，尤其在特效和运动图形领域具有其特有的优势。C4D R20工作界面如图3-10所示。

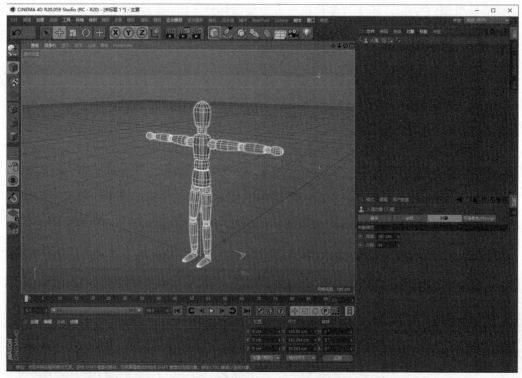

图3-10　CINEMA 4D R20工作界面

3.3.2　三维扫描建模

三维扫描是集光、机、电和计算机技术于一体的技术，主要用于对物体空间外形和结构及色彩进行扫描，以获得物体表面的空间坐标。它的重要意义在于能够将实物的立体信息转换为计算机能直接处理的数字信号，为实物数字化提供了相当方便快捷的手段。三维扫描技术能实现非接触测量，具有速度快、精度高的优点，而且其测量结果能直接与多种软件相连，这使它在计算机辅助诊断(computer aided diagnosis)、计算机辅助制造(computer aided manufacturing)、计算机集成制造系统(computer integrated manufacturing system)等技术应用日益普及的今天很受欢迎。

与传统软件建模相比，三维扫描建模通过对现实场景、道具、角色的拍摄，提取模型轮廓与材质，由软件自动完成粗体模型的创建。跳过费时的建模过程，后续只需要经过细节修复、重新布线、材质贴图绘制等流程即可完成一个高质量模型，且模型需求越大，3D扫描技术节约的时间越多。利用三维扫描技术来进行三维建模，可以降低三维重建的技术门槛和人力成本，简化三维建模的流程，从而提高建模师的工作效率。

常见的三维扫描技术主要有激光扫描建模、深度相机建模、照片建模以及光场建模。

1. 激光扫描建模

激光扫描建模是指使用便携式激光扫描设备，对物体表面不同位置和角度进行覆盖式扫描，采集物体表面空间点位信息，从而获得高精度三维模型数据。它的工作原理是利用激光测距，通过仪器向测量对象高频发射动态激光，记录激光反射的时间、相位差等反馈数据，从而计算被测物体表面密集点的三维坐标、反射速率和表面纹理。激光扫描是一种非接触式技术，在工作过程中不会对被扫描物体造成损坏，因此在古建筑数字化、文物考古等领域得到了广泛应用。

2. 深度相机建模

常用的深度相机建模方法包括结构光和飞行时间测距法两种。结构光是指将红外结构光投射至对象表面，再使用相机捕捉由对象表面反射回来的光线，根据位置角度等信息进行空间信息的计算。它的优势是适用于照明不足的环境，在特定范围内可获取高分辨率的深度图。飞行时间测距法是指发射光并接收从物体反射的光，通过检测光飞行往返时间计算出被测物体到相机的距离。这种方法的优点是抗干扰能力强，适合较长距离的测量，例如自动驾驶；缺点是获取的深度图分辨率较低，当测量较短距离时，相较于其他深度相机建模方法，误差更大。

3. 照片建模

照片建模(基于图像的建模)是指通过相机等设备对物体进行照片采集，经计算机进行图形、图像处理以及三维计算，从而全自动生成被拍摄物体的三维模型的技术。它的工作方式是用户围绕物体一周拍摄一组照片，所拍摄的照片之间要有重合，然后上传到照片建模软件中，软件即可根据用户上传的照片生成物体的三维模型。照片建模的成本较低，用普通相机拍摄好照片后，软件能够自动对齐照片，生成点云，添加纹理，但生成的模型可能有破洞、有多余的景物，需要手动修补。这种利用二维图像生成具有真实感的物体三维表面模型的建模方法正逐渐代替传统的基于几何特征的建模方法。

照片建模和绘制是当前计算机图形学界一个极其活跃的研究领域。与传统的基于几何特征的建模和绘制相比，照片建模技术具有许多独特的优点。照片建模和绘制技术为用户提供了获得照片真实感的一种最自然的方式，使建模变得更快、更方便，用户可以获得高度的真实感且绘制速度很快。照片建模的相关研究取得了许多丰硕的成果，并有可能从根本上改变我们对计算机图形学的认识和理念。由于图像本身包含丰富的场景信息，自然容易获得逼真的场景模型。照片建模的主要目的是通过二维图像还原景物的三维几何结构，这原属于计算机图形学和计算机视觉方面的内容，但由于它的广阔应用前景，如今计算机图形学和计算机视觉方面的研究人员都对这一领域充满兴趣。与传统的利用建模软件或者三维扫描仪得到立体模型的方法相比，照片建模成本低廉，真实感强，自动化程度高，因而具有广阔的应用前景。目前，照片建模主要应用于虚拟现实、3D展示、3D打印、影视媒体、广告制作、文物保护、电子游戏等众多领域，如图3-11所示。照片建模常用的建模软件有Reality Capture、Agisoft Photoscan、Autodesk ReCap、VisualSFM等。

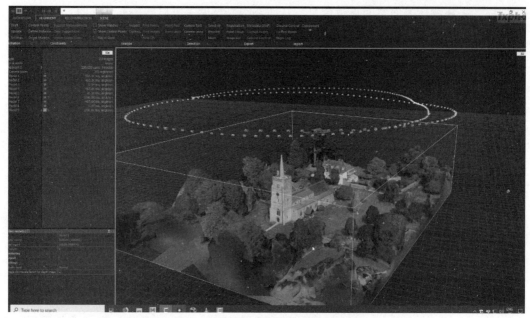

图3-11　基于图像的无人机倾斜建模

4. 光场建模

　　光场建模通过多角度拍摄照片，运用先进的采集、重建和渲染的算法还原极具真实感的三维内容，能最大限度还原真实物体材质的颜色、纹理、光泽和高效高质。光场可以存储空间中所有光线的方向和角度，从而产生场景中所有物体表面的反射和阴影，这为三维重建提供了更加丰富的图像信息。目前，光场建模技术广泛应用于虚拟数字人、虚拟现实、增强现实、影视特效、游戏建模等多个领域，如图3-12所示。

图3-12　光场建模摄影棚

3.3.3 三维全景技术

三维全景技术是基于全景图像的真实场景虚拟现实技术，它是通过运用数码相机对现有场景进行360°拍摄，再利用计算机进行后期缝合(也可通过一次拍摄实现该效果)，并加载播放程序来完成三维虚拟展示的一种技术。用户可以使用浏览器或播放软件在普通计算机或移动设备上观看，并可自由控制观察角度，可任意调整远近，用户仿佛置身于真实的环境之中，从而获得全新的视觉感受。

相较于二维效果图和三维动画，全景图是对现实场景的再现，因而真实感会更强；全景图经过对图像的透视处理模拟真实三维实景，沉浸感强烈，能给用户带来身临其境的感觉；全景浏览增加了交互性，可以由用户操纵，从任意一个角度自由观察场景。此外，全景图制作流程快捷简单，省去了复杂的传统三维建模过程，它通过对现实场景的采集、处理和渲染，能够快速生成虚拟场景。

1. 三维全景的种类

常见的全景种类主要包括柱形全景、球形全景和立方体全景。

(1) 柱形全景。柱形全景可以理解为以节点为中心、具有一定高度的圆柱形平面，平面外部的景物投影在这个平面上。用户可以在全景图像中360°的范围内任意切换视线，也可以在一个视线上改变视角来获得接近或远离的效果。也就是说，用户可以用鼠标或键盘操作环水平360°(或某一个大角度)观看四周的景色，同时操作放大与缩小(推拉镜头)，但是如果用鼠标上下拖动，上下视野将受到限制，向上看不到天顶，向下也看不到地底，如图3-13所示。这种照片通常采用带有标准镜头的数码相机或光学相机拍摄，其纵向视角小于180°，显然这种照片的真实感不理想，但其制作十分方便，对设备要求较低，因此应用较为广泛，市场上比较常见的全景图就是柱形全景图。

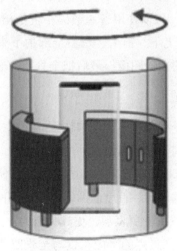

图3-13 柱形全景图

(2) 球形全景。球形全景是指视角为水平360°、垂直180°，即全视角。在观察球形全景时，观察者位于球的中心，通过鼠标、键盘的操作可以观察到任何一个角度，让人融入虚拟环境中，如图3-14(a)所示。球形全景照片的制作比较专业，首先用专业鱼眼镜头拍摄2～3张照片；然后用专用的软件把它们拼接起来，制作成球面展开的全景图像；最后把全景照片嵌入网页中。球形全景的效果较好，所以有专家认为，球形全景才是真正意义上的全景。作为全景技术发展的标准，球形全景已经有了很成熟的软硬件设备和技术。图3-14(b)看起来像一个微型星球，其实它是用多张在同一地点拍摄的相片通过多种图像处理工具综合处理后的结果。

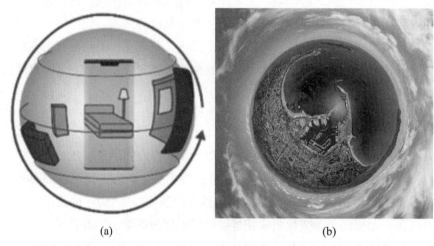

(a)   (b)

图3-14　球形全景图

(3) 立方体全景。立方体全景是另外一种能够实现全景视角的拼合技术，和球形全景一样，其视角也为水平360°、垂直180°。与球形全景不同的是，立方体全景由六个平面投影图像组合而成，即将全景图投影到一个立方体的内表面上。它打破了原有单一球形全景的拼合技术，能拼合出更高精度和更高储存效率的全景。立方体全景照片的制作比较复杂，首先拍摄照片，可以使用普通数码相机拍摄，需要拍摄很多张照片(最后拼合成六张照片)，还需要把上下、前后、左右全部拍下来；再用专门的软件把它们拼接起来，制作成立方体展开的全景图像；最后把全景照片嵌入展示网页中。

2. 三维全景的应用领域

三维全景具有真实性、全视角、可交互等特点，在建筑与城市景观、虚拟旅游、文化艺术、商业展示等领域得到了广泛应用。

(1) 建筑与城市景观。全球很多著名城市的网站都在使用全景摄影介绍城市景观，以吸引世界各地的游客，谷歌地图、百度地图等专业地图网站也相继引入全景拍摄的城市照片。与2D图片相比，全景摄影更直观、更具吸引力。

(2) 虚拟旅游。旅游网站把景点的平面布置与全景照片制作成热点链接，游客可以从一个景点(全景照片)直接进入下一个景点，从而引导游客实现虚拟旅游，游客足不出户就可游历千里之外的著名景点。例如，在故宫博物院的网站中，就有专门的"全景故宫"板块，板块内不仅展示故宫内部几乎所有的全景照片，还为每个内部景点设置了专门的文字或语音介绍。游客通过手机或计算机就可以身临其境般感受故宫的文化与魅力。

(3) 文化艺术。在文化领域，使用全景最多的是艺术科技展、博物馆、画廊等。不仅使用柱形全景或球形全景介绍场馆建筑，而且用对象全景360°展示工艺美术、绘画、雕塑、文物等三维对象，用户轻轻拖动鼠标就可以观赏目标对象的全貌。博物馆或展馆通常提供平面地图导航，结合全景导览应用，用户只需要点击鼠标或屏幕，即可自由穿梭于每个场馆之中，再配以音乐和解说录音，更加具有沉浸感。

(4) 商业展示。三维全景虚拟展示不受时间、地点的限制，可节省成本，使得消费者的参观更加方便快捷，有助于提供商品销售。例如商业网站用全景展示商品、建立虚拟商场；房地产商用全景展示楼盘外观、室内外装修；汽车销售商用全景展示汽车内外景观等。

3.3.4　虚拟现实引擎

虚拟现实引擎是指一些已编写好的可编辑系统或一些交互式实时图像应用程序的核心组件，这些系统或核心组件为用户提供了应用虚拟现实技术所需的各种工具。大部分虚拟现实引擎都支持多种操作平台，例如Linux、Mac OS X、微软Windows。虚拟现实引擎包括渲染引擎(即"渲染器"，含二维图像引擎和三维图像引擎)、物理引擎、碰撞检测系统、音效、脚本引擎、电脑动画、人工智能、网络引擎以及场景管理等。

1. 虚拟现实引擎的系统构成

经过不断进化，虚拟现实引擎(游戏引擎)已经发展成为一套由多个子系统共同构成的复杂系统，从建模、动画到光影、粒子特效，从物理系统、碰撞检测到文件管理、网络特性，还有专业的编辑工具和插件，几乎涵盖虚拟现实开发过程中的所有重要环节。

(1) 模型。传统的游戏引擎都不具备建模能力，一般是通过其他三维建模软件完成模型之后导入到引擎。随着建模需求的增加，虚幻引擎、unity3D等引擎中先后加入了模型编辑的功能，用户可直接在引擎中实现基本建模。此外，在最新的引擎技术中，对于模型面数的支持已经超过以往任何3D软件。

虚幻引擎5全新推出的虚拟几何体系统Nanite，采用全新的内部网格体格式和渲染技术来渲染像素级别的细节以及海量的物体对象。Nanite虚拟几何体的出现意味着由数以亿计的多边形组成的影视级美术作品可以被直接导入虚幻引擎——无论是来自Zbrush的雕塑还是用摄影测量法扫描的CAD数据。Nanite几何体可以被实时流送和缩放，因此用户无须再考虑多边形数量预算、多边形内存预算或绘制次数预算，也不用再将细节烘焙到法线贴图或手动编辑LOD(levels of detail，多细节层次)，画面质量不会有丝毫损失。

(2) 光影效果。光影效果即场景中的光源对处于其中的人和物的影响方式。光影效果完全是由引擎控制的，折射、反射等基本的光学原理以及动态光源、彩色光源等高级效果都是由引擎的不同编程技术实现的。全局照明、光线追踪等技术的运用，使引擎能够产生逼真的光影效果。

虚幻引擎5中的Lumen是一套全动态全局光照系统，能够对场景和光照变化做出实时反应，且无须专门的光线追踪硬件。该系统能在宏大而精细的场景中渲染间接镜面反射以及可以无限反弹的漫反射；小到毫米级、大到千米级，Lumen都能游刃有余。美术师和设计师可以使用Lumen创建出更多动态的场景，例如改变白天的日照角度，打开手电或在天花板上开个洞，系统会根据情况调整间接光照。

(3) 动画。虚拟现实引擎所采用的动画系统可以分为两种，即骨骼动画系统和模型动画系统。前者用内置的骨骼带动物体产生运动，通常比较常见；后者是在模型的基础上直接进行变形。此外，动作捕捉、面部捕捉等动画数据也可以实时进入引擎并应用在角色上。

(4) 物理系统。物理系统可以使物体的运动遵循固定的规律。例如，当角色跳起的时候，系统内定的重力值将决定他能跳多高以及他下落的速度有多快，子弹的飞行轨迹、车辆的颠簸方式也都是由物理系统决定的。

碰撞探测是物理系统的核心部分，它可以探测虚拟现实系统中各物体的物理边缘。当两个3D物体撞在一起的时候，这种技术可以防止它们相互穿过，从而确保当用户撞在墙上的时候，不会穿墙而过，也不会把墙撞倒，因为碰撞探测会根据用户和墙之间的特性确定两者的位置和相互的作用关系。

(5) 渲染。渲染是引擎最重要的功能之一，当3D模型制作完毕之后，美术师会按照不同的面把材质贴图赋予模型，这相当于为骨骼蒙上皮肤，最后再通过渲染引擎把模型、动画、光影、特效等所有效果实时计算出来并展示在屏幕上。渲染引擎在引擎的所有部件当中是最复杂的，它的强大与否直接决定着最终输出质量的高低。

2. 常见的引擎

市场上主流的引擎包括虚幻引擎(UE5)、unity3D、CRYENGINE3、COCOS 3D等，其中大多数引擎最初都是作为游戏引擎而开发的。近些年来，随着虚拟现实技术的崛起，各大游戏引擎纷纷开始布局VR领域。

(1) 虚幻引擎。虚幻引擎(Unreal Engine)是全球最先进的实时3D创作工具，可制作照片级逼真的视觉效果，为用户带来沉浸式体验。Unreal Engine 4.7加入了"VR预览"功能，VR开发者能够通过Oculus Rift或HTC VIVE等直接浏览他们的工作，从而更好地进行虚拟现实开发。2022年4月5日，虚幻引擎发布了颠覆性的UE5，将虚拟现实内容的生产推向了新的高度(见图3-15)。UE5通过Nanite和Lumen等开创性新功能，在视觉真实度方面实现质的飞跃，构建完全动态的世界，为用户提供身临其境和逼真的交互体验。

图3-15 虚幻引擎5

(2) unity3D。unity3D是由Unity Technologies开发的一个让玩家轻松创建诸如三维视频游戏、建筑可视化、实时三维动画等类型互动内容的多平台的综合型游戏开发工具，它是一个全面整合的专业游戏引擎(见图3-16)。unity以交互的图形化开发环境为首要方式，其编辑器运行在Windows和Mac OS X下，可发布游戏至Windows、Mac、Wii、iPhone、WebGL(需要HTML5)、Windows Phone 8和Android平台。unity5.1为VR和增强现实设备增添了"高度优化"渲染管道，同时增添了对Oculus Rift头戴式显示器的原生支持，使开发者可以插入开发工具并能立即使用。最值得期待的虚拟现实头盔Oculus Rift已经开始交付，这款设备提供30款可玩游戏，其中的16款是使用unity技术研发的。此外，在为HTC、索尼虚拟现实头盔、微软增强现实头盔HoloLens开发游戏的开发者中，unity的技术也非常受欢迎。unity的游戏引擎在低成本设备中占据优势，这些设备可以与智能手机绑定，让人们体验低端虚拟现实技术。当下，三星和Oculus基于智能手机联合开发的虚拟现实设备Gear VR上90%以上的游戏是基于unity技术开发的。

图3-16 unity3D

(3) CRYENGINE。CRYENGINE3是德国CRYTEK公司出品的一款对应最新技术DirectX 11的游戏引擎(见图3-17)。CRYENGINE3是一个兼容PS3、360、MMO、DX9和DX10的次世代游戏引擎。与其他竞争者不同，CRYENGINE3不需要第三方软件的支持就可以处理物理效果、声音及动画，它是一个非常全能的引擎。

图3-17　CRYENGINE3

(4) COCOS 3D。COCOS 3D引擎是触控科技研发的一款VR游戏引擎(见图3-18)。COCOS引擎在中国游戏市场份额占比较大，它不仅能够帮助开发者开发游戏，还可以实现VR硬件的对接和输入，COCOS引擎里专门集成VR模式，方便开发者进行VR开发。但COCOS引擎原本只是一个2D游戏引擎，对3D及VR的引擎优化并非一蹴而就，所以相比Unreal这些国际主流引擎来说，COCOS 3D存在相当大的差距，未来还需要更多的改进。

图3-18　COCOS 3D

练习题

1. 与传统显示器相比，头戴式显示器有哪些优点？

2. 什么是全息投影技术？全息投影技术是如何展示三维效果的？

3. 3D建模有哪些方式？各自的优缺点是什么？

4. 球形全景图主要有哪些应用领域？

5. 眼动跟踪技术的原理是什么？

第4章　虚拟现实内容制作工具

虚拟现实作为一种全新的交互技术，为用户带来了沉浸式的体验和视觉享受，而虚拟现实内容创作工具是实现这种体验的关键。随着虚拟现实技术的不断发展和普及，虚拟现实内容创作工具成为创作者创造沉浸式虚拟环境的重要工具。这些工具提供了丰富的功能，能提升创作者的创新能力，为创作者打开了无限的创作空间。本章将介绍常用的虚拟现实内容创作工具及其基本功能，探讨其在虚拟环境创作和设计中的应用。

4.1　RealityCapture：图像3D建模工具

RealityCapture是一款照片建模软件，可以帮助用户快速创建虚拟环境中需要的场景和模型资产。与传统建模软件不同，RealityCapture主要通过对现实物体不同角度的照片进行扫描，从中提取有用的数据，从而形成三维模型和纹理贴图。RealityCapture应用范围非常广泛，大到城市、地形，小到人物、静物，只要摄像机镜头可以捕捉到的范围，都可以用于三维重建。它的主要功能包括图像配准(对齐)、自动校准、计算多边形网格、着色、纹理、平行投影、地理配准、坐标系转换、简化、缩放、过滤、平滑、测量、检查以及各种导出和导入。

RealityCapture的工作界面分为1D、1Ds、2D、2Ds、3Ds、4Ds等多种界面，如图4-1所示。1D界面显示单个图像的文件路径、像素尺寸、格式等信息；1Ds界面显示批量导入的图片名称、数量及控制点信息；2D界面可单独预览选中图片；2Ds界面为全部素材的缩略图预览；3Ds界面显示最终生成的3D效果；4Ds界面可为3D模型添加动画效果。

RealityCapture具体工作流程为"图像采集—图像导入—对齐图像—模型修整与重建—着色与纹理—导出模型"。

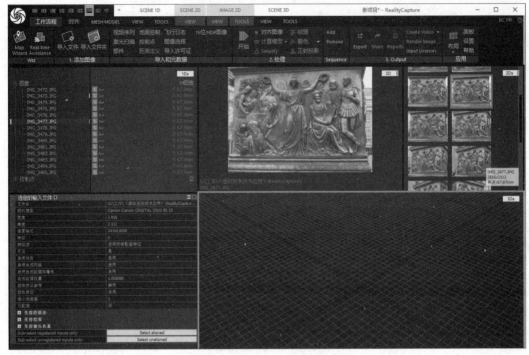

图4-1　RealityCapture工作界面

4.1.1　图像采集

在图像采集环节，如果在室外拍摄，应尽量选择阴天时拍摄，减少日光对被拍摄物体的影响。这是因为在模型最终生成后，虚拟环境中的光照会由引擎提供，但如果拍摄的素材有明显的受光面和背光面，模型上就可能会出现不自然的光照效果。

要想建立一个表面完整的三维模型，需要确保被拍摄物体的每个角度都被相机拍摄到。在拍摄中，照相机要环绕物体每隔一定角度(不超过30°)拍摄一张照片，形成完整的循环，并且从不同的俯视角度和仰视角度进行循环拍摄(见图4-2)。此外，还需要尽可能提高每张照片的分辨率(分辨率越高，模型质量越好)，在对焦时不能出现任何运动模糊，尽量降低照片噪点。

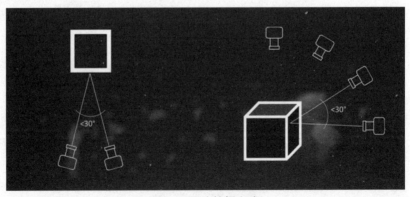

图4-2　照片拍摄方式

4.1.2 图像导入

RealityCapture支持的图片素材格式有很多，如bmp、tiff、rc2、jpg、png等。本案例使用的素材是RealityCapture官方网站提供的公开示例图像，格式为jpg，如图4-3所示。

图4-3 素材准备

在应用程序窗口的"工作流程"选项中，找到"导入文件"与"导入文件夹"。其中"导入文件"是将单个图片文件导入工作空间中，而"导入文件夹"是将整个文件夹中的内容直接导入。导入素材后，在1Ds界面中可以看到导入图片的名称与数量，在2D界面中，单击某个素材即可单独预览。

4.1.3 对齐图像

图像导入成功后，进入"对齐"选项卡，选择"对齐图像"，自动提取图片特征点并对齐。在"对齐"过程中，界面会显示"pause"(暂停)、"abort"(取消)和"minimize"(最小化)三个选项。

对齐结束后，通过模型点云可以看出模型的大致形状，并且可以知道拍摄图片时的相机位姿，如图4-4所示。

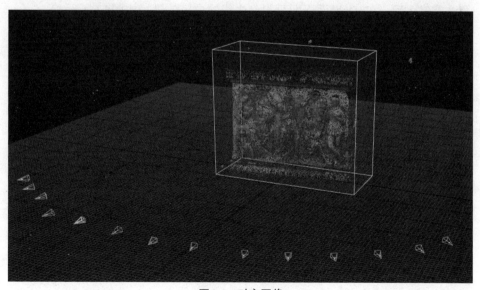

图4-4 对齐图像

对齐图像是整个流程中的第三步，目的是通过对齐图像，推算出相机的位置，并生成点云，为最终生成模型做准备。

4.1.4　模型修整与重建

生成点云后，进入"Mesh Model"(模型编辑)模式。需要设置重建区域(见图4-5)，编辑模型的生成范围。在设置解算框时有三个选项，即手动、自动、清空(不设置)。其中，"手动"意味着需要人工拉拽解算框的范围，调整至自己需要的重建范围即可；"自动"为软件自动设置重建范围；"清空"意味着不另设解算框，而是对整个三维空间计算重建。通过手动调整结算框的范围，可以去除不必要生成的模型部分，缩短运算时间。

图4-5　设置重建区域

设置好重建区域后，选择重建模型精度进行模型生成，会出现"Normal Detail"(一般精细)、"Preview"(预览精度)、"High Detail"(高精度)三个选项。"Preview"精度下细节较少，但计算时间较短；而"High Detail"精度下虽然能得到更多的细节，但软件计算花费的时间也比较长。

经过重建之后，在3Ds界面下即可得到生成的白模效果，如图4-6所示。

图4-6　生成白模

4.1.5　着色与纹理

模型生成后,可以通过"Colorize"(着色)和"Texture"(纹理)选项来完成最后一步。"着色"与"纹理"是不同的两个步骤。"着色"是创建每个三角形顶点的颜色,对于三角形网格较密集的对象来说比较有用;而"纹理"会为模型的每个三角面映射图像。因此,与带纹理的模型相比,着色的模型尺寸更小,而纹理化的模型表面呈现的细节更多,如图4-7所示。

图4-7　"着色"与"纹理"对比

4.1.6　导出模型

导出生成模型,在"导出"面板下的"工作流程"或"重建"选项卡中选择"模型"选项。可导出的格式有obj、fbx、abc等常用的3D格式。导出模型的同时还可以导出纹理贴图,其格式为bmp、jpg、png、tiff、dds等常用的图像格式。此外,还可将生成的模型通过分享功能直接上传至sketchfab网站,用户可在线预览。

4.2　PTGui:3D全景图生成器

PTGui是一款功能强大的全景图片拼接工具,其五个字母来自Panorama Tools Graphical User Interface,即全景图形用户界面。在虚拟现实技术中,PTGui主要用于合成VR全景图片,其工作原理为软件自动读取照片的镜头参数,识别图片重叠区域的像素特征,然后以"控制点"的形式进行自动缝合,并进行优化融合。软件支持多种视图的映射方式,用户可以手工添加或删除控制点,从而提高拼接的精度。软件支持多种格式的图像文件输入,输出时可以选择高动态范围的图像,拼接后的图像明暗度均一,基本上没有明显的拼接痕迹。

使用PTGui可以快速便捷地制作出720°的完整球形全景图片，其工作流程非常简单，主要分为导入原始底片、运行自动对齐控制点和生成全景图片三个步骤。

在PTGui中，单击"加载影像"(见图4-8)，跳出"文件资源管理器"，在"文件资源管理器"中找到需要拼接的那组照片所在位置，打开"jpg"文件夹，"Ctrl+A"全选6张照片，再单击"打开"，源图像导入完成。由于PTGui无法识别RAW格式(RAW image format，即原始图像编码数据)的色彩信息，如果原始照片是RAW格式的图像，还需要提前使用Photoshop将RAW格式的图像调色导出为jpg格式的图像，之后再置入PTGui。拼接全景图时需要导入的源图像数量取决于拍摄影像的镜头。不同焦距的镜头拍摄到的相邻两张照片的重合信息点不同，因此在360°拍摄环境时需要的影像数量也不相同。一般情况下，相邻两张照片的重叠部分达到15%左右就可以进行拼接了。

图4-8　加载影像

影像加载完成后，进入"设置全景"。PTGui一般会自动识别导入照片的拍摄信息，自动判断这组照片的镜头与画幅预设参数。如图4-9所示，PTGui自动识别出这组照片是由佳能5D MarkⅢ+24mm全片幅镜头拍摄的。

图4-9　设置全景

单击"对齐影像"后，可用PTGui查看器查看图像，检查是否有不规则的拼接痕迹。一般情况下，只有天空和地面需要修复，对于其他地方，除非是遇到特殊情况，比如在拍摄过程中碰到三脚架等造成设备晃动、纹理太过清晰等情况，否则不需要修复。

控制点功能是PTGui中用于校正图像的功能。可以调整两张重叠图片上的匹配点，每两张相邻的图片可以添加3～4个控制点。控制点的距离越近，后期合成拼接的效果就越好；拼接的距离越近，缝合的效果也越好。如图4-10所示，在不同图像中相同数字的点表示重叠图片上的匹配点。

图4-10 控制点功能

　　遮罩功能是PTGui中的另一个常用功能。当用户拍摄两张相邻的图片时，会有一定的重叠度，在某些情况下，将这两张图片合成后，会出现模糊和多余的画面，而遮罩功能能可通过直接擦除不需要的物体，让图片中处于相同位置的物体不再模糊。如图4-11所示，其中◯表示擦除，◉表示保留包含物体，◯表示橡皮擦功能，使用遮罩功能能够让全景图拼接得更加完美。

图4-11 遮罩功能

在经过图像修剪、控制点与遮罩设置、曝光调整后，就可以导出全景图了。如图4-12所示，可设置导出图像尺寸与格式、混合模式等参数，并最终通过"创建全景"进行导出。用户可将导出后的全景图像上传至全景图网站进行VR浏览，或导入至具有VR预览功能的图像查看器进行观看。

图4-12　全景导出设置

4.3　STYLY STUDIO：VR世界创造器

通常来说，大型商业级虚拟现实内容项目需要制作团队使用虚幻引擎、unity等大型引擎软件去编写。随着VR内容产业中轻量级开发需求的逐渐增加，有很多以视觉逻辑为主的编辑器或者插件，可以让小型团队或个人以更低的学习成本和更高的效率创作出符合自己创意思路的小作品。

STYLY STUDIO是一个可以让用户轻松构建VR世界的作品制作与发布平台。用户不需要有编程基础，在网页端就可以创作。STYLY STUDIO支持各种类型的数据格式和服务，照片、视频或音频都可以作为VR艺术品的创作素材。用户只需单击即可将作品分发到所有主要的VR HMD平台以及个人作品网站，从而在浏览器、手机端与其他展示端预览体验。

下面我们将探索如何在网页端建立VR项目。

用户创建场景，并选择VR模板，如图4-8所示。

图4-8　创建VR模板

用户可以从本地导入模型到场景，并放置于指定位置。在素材库中，预设的2D UI、3D环境、粒子特效、镜头滤镜等内容可直接调入场景使用。创作者在导入外部模型时，可导入静态的obj模型，也可导入自带动画的fbx格式模型。但需要注意的是，导入的模型贴图必须为jpeg格式，并且需要在DCC(digital content creation，数字内容创作)软件中将其进行关联，然后一起导入至STYLY素材库(见图4-9)。此外，STYLY Studio还支持图片、视频与音频等多种内容资产的展示方式，用于丰富VR场景。

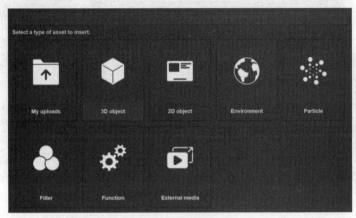

图4-9　素材库

在素材库的"Function"(功能)类别中，平台提供了多种创建AR或VR项目的程序预设，能够帮助用户轻松实现复杂的编程命令。

用户进入创作面板后，平台支持基本的场景移动、灯光环境等渲染调节(见图4-10)。其中，"Your Position"表示VR运行时用户所处的视角，需要用户手动将其放置于场景合适的位置。"Directional Light"为场景的直射光源，提供整个场景的照明，用户也可在素材库中调用其他类型的灯光。

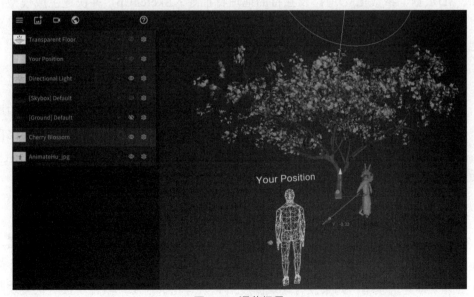

图4-10　调节场景

STYLY STUDIO具有相机功能，支持创作者在STYLY STUDIO上拍摄场景，用户可以将拍摄的场景制作成视频，使其看起来更有吸引力，如图4-11所示。

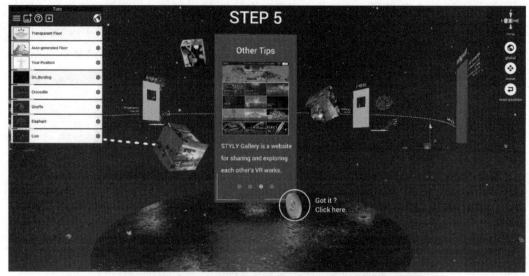

图4-11　STYLY STUDIO案例

4.4　Placemaker：三维城市生成工具

在电影或游戏中，大型城市的场景总是令人印象深刻。比如，在虚幻引擎5发布的游戏demo《黑客帝国觉醒》中，数量庞大的高楼大厦与建筑群营造出震撼的视觉效果。但由于打造城市场景要付出巨大工作量，运用传统的建模手段往往既费时又费力。Placemaker作为一款自动生成三维城市的三维建模程序插件，允许用户将高分辨率卫星地图、3D数据、参数化3D道路及独特的地理特征导入SketchUp，并快速生成模型。这种自动生成建筑模型的功能可以帮助用户轻松创建来自世界各地的大型城市场景，并为其节省数小时工作量。

1. 导入高清卫星地图

通过Placemaker的地图功能，可以定位地球上任意一个地方。在选中要创建的地图区域后，可以导入高分辨率的卫星地图，这些影像数据来自DigitalGlobe，它要比自带的谷歌地图清晰得多，最高可以导入宽度为7厘米的高清卫星图片直接进入SketchUp，如图4-12所示。

2. 自动生成3D建筑物

Placemaker的核心功能是导入OSM(openstreetmap，开放街道地图)的建筑数据，包括地图上的3D建筑和道路，其数据非常准确。如果有建筑轮廓和高度信息，软件就能自动生成三维建筑模型；如果没有建筑高度信息只有轮廓信息，软件可按默认建筑高度或随机建筑高度生成三维建筑。

图4-12　高清卫星地图

导入后的道路、建筑物及树木都可以直接匹配到当前的三维地形上。由于所有数据都是以三维模型的方式生成的，可以直接用于模型的修改和渲染，如图4-13所示。

图4-13　生成3D建筑物

3. 高质量地形

Placemaker可以使用Cesium中的高质量地形，高质量地形为地形模型增加了非常高的精度。地形分辨率因地点而异，覆盖全球所有地形，结果详细且精准。导入的山脉、河流、道路、建筑物及树木都可以直接匹配到当前的三维地形模型上，如图4-14所示。

图4-14　三维地形

4.5　Virtools：虚拟现实制作工具

　　Virtools是一款具备丰富的互动行为模块的实时3D环境虚拟实境编辑软件，没有编程基础的美术人员可利用Virtools内置的行为模块快速制作出许多不同用途的3D产品，例如计算机游戏、多媒体、建筑设计、交互式电视、教育训练、仿真与产品展示等，如图4-15所示。

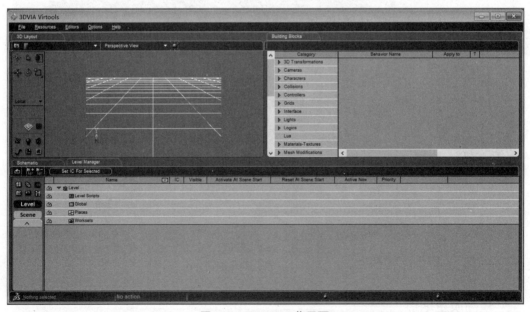

图4-15　Virtools工作界面

　　Virtools是一个创作应用程序，允许用户快速生成丰富、对话式的3D作品。Virtools可为符合工业标准的模型、动画、图像和声音等媒体带来活力，而对于模型等3D资产，需要依赖3Ds Max、Maya等通用建模工具去创建，Virtools可提供专用导出插件。对于简单的媒体组件，例如摄像机、灯光、曲线、接口元件和3D帧(在大多数3D应用中被叫补间)，能通过点击图标来创建。

　　Virtools中的动画、交互等内容都是由行为驱动的，具体表现形式为按一定顺序和逻辑连接的行为块(behavioral block，概念类似积木块)。行为是某个元件如何在环境中行动的描述。Virtools提供了许多可再用的行为模块，图解式的界面几乎可以产生任何类型的交互内容，而不用写程序代码。这些行为模块可以处理普通的三维物体、摄像头、角色、物体的材质属性、音频、视频、光照、界面元素，也可以处理三维变换、碰撞检测、控制设置、逻辑运算、人工智能、粒子系统、物理学运算，同时带有Web交互、多用户、网络、虚拟现实等接口，还可以自定义渲染效果等，如图4-16所示。

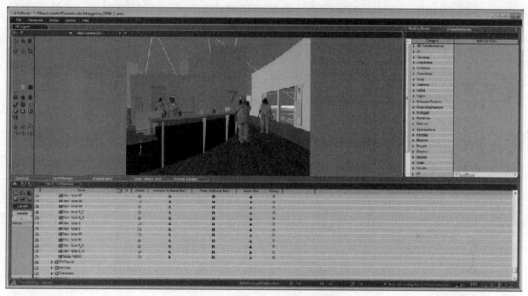

图4-16　Virtools中的场景模拟

　　用户通过Virtools自带的渲染引擎，可在三维观察窗口查看图像，这些渲染引擎可由用户定制的渲染引擎来取代。存取Virtools渲染引擎的源码受制于一个附加的授权协议书。

　　Virtools 在物理库(virtools physics library)中整合了Havok公司顶尖的物理属性引擎，使得Virtools的用户在制作3D互动场景的过程中更加便利。物理库包含 29 个新的行为模组，为用户提供多种物理属性的运用，诸如重力、质量、摩擦力、弹力、物体间的物理限制、浮力、力场与车辆的动态物理属性等功能。这些功能可大大缩短用户制作的时程，简化美术设计师繁复冗长的物体动态制作过程与程序设计师撰写演算法的实作。物理库还能为开发者提供高阶行为模组来处理复杂的物理模拟模型，开发者可轻易呈现联机互动的全新境界，不必下载全部行为模组即可栩栩如生地表现场景中的物件，也可自动立即查看所有类型刚体的摩擦力与重力作用。用户在互动应用中加入表现物体物理属性的步骤，就如同在物体中加入其他行为模组一样容易，只需要进行简单的拖—拉—

放操作即可，没有程序语言基础的用户也能使用。这项先进的元件可被整合于Virtools结构中，为用户提供单一的使用者界面来整合多样化技术。

物理库是一个附属于Virtools的功能扩展模块，用户只需使用个人计算机就可以体验沉浸式虚拟现实的魅力。该模块专为集群式PC而设计，不但支持多种标准的虚拟现实硬件设备，而且支持多屏幕立体展示。用户在开发时，只需要一台个人计算机就可以进行沉浸式虚拟现实的多画面模拟。VR Publisher用于部署由VR Library研发的应用程序，包含远程控制与登录的功能，为管理人员与终端用户提供完整的配置管理工具。

VR Library中新增的VRNR (virtual reality normalized resources，虚拟现实标准化资源)，能协助在很短的时间内依照不同的系统需求(投影在平面墙、立方体或是圆柱体屏幕上)及不同的浏览方式(使用Wand、游戏杆或是键盘)，选择适当的资源文件，建立VR Library的播放环境。同时，新增的功能提供更简便的制作与集群管理方式，支持众多的操控装置，这些功能使沉浸式虚拟现实的开发不再遥不可及。

练习题

1. RealityCapture的工作流程主要分为几步？

2. PTGui的遮罩功能有哪些作用？

3. 请尝试通过STYLY STUDIO创建VR场景并发布。

第5章　虚拟现实内容创作平台：虚幻引擎

通过三维引擎技术，用户可以制作出丰富的类似特效电影或游戏效果的虚拟现实内容。这种制作方式与传统的三维动画类似，需要用户对场景进行三维建模、贴图、制作动画等工作，然后进入引擎渲染。除了具有逼真的三维环境以外，自然的交互性是虚拟现实系统不可缺少的。作为全球最开放、最先进的实时3D创作平台，虚幻引擎(Unreal Engine)在视觉效果制作和人机交互等方面优势明显，成为虚拟现实应用中不可或缺的工具。

5.1　虚幻引擎概述

虚幻引擎(Unreal Engine，UE)是Epic Games公司开发的实时3D创作工具和电子游戏开发平台，它为3D图形开发者提供了大量核心技术、数据生产工具和基础支持。虚幻引擎允许跨多个平台开发，从个人计算机到手机移动端和VR硬件设备。它既支持用户通过C++语言运行引擎脚本，也支持用户通过封装成模块的可视化语言进行编程。它还为用户提供了丰富的素材和强大的动画工具，用户可以快速制作复杂的场景。此外，虚幻引擎的各个版本都允许用户免费下载和使用，并提供大量官方的教学文档和视频。

通过虚幻引擎创作的经典游戏有《战争机器》《堡垒之夜》《绝地求生》等。随着图形技术的飞速发展和软硬件的更新迭代，在历经二十多年的发展之后，虚幻引擎已从早期的专门创作游戏的引擎，发展成为综合性的实时3D图形创作工具，涉及虚拟现实、影视动画、建筑设计、产品设计、广播电视等多个行业(见图5-1)。如今，虚幻引擎已正式推出第5代版本"虚幻引擎5(简称 UE5)"。

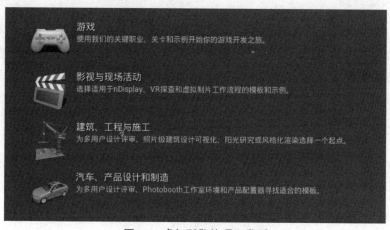

图5-1　虚幻引擎的项目类型

5.1.1 开发环境配置

Visual Studio(VS)是Windows平台应用程序的集成开发环境(integrated development environment，IDE)，同时也是虚幻引擎默认的集成开发环境，它能与虚幻引擎完美结合，使用户能够快速、简单地改写项目代码，并能即刻查看编译结果。VS是虚幻引擎开发项目的必备安装工具，用户在微软公司官方网站即可免费下载。

如果用户在安装Visual Studio时需要包含虚幻引擎的安装程序，应在右侧的"Installation Detail"(安装细节)工具栏中单击"Game development with C++"(展开用C++开发游戏)。在"Optional"(可选)下，确保勾选"Unreal Engine"(虚幻引擎安装程序)，以便启用它，如图5-2所示。

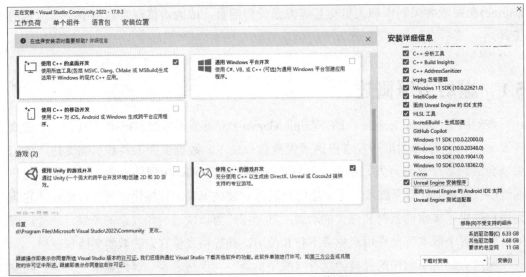

图5-2 Visual Studio 2019 安装设置

此外，虚幻引擎的运行对于硬件设备也有一定要求。为了保证引擎的快速稳定运行，中央处理器(CPU)、内存、显卡都需要达到一定标准。

1. 中央处理器

性能良好的CPU是虚幻引擎开发所需的最重要硬件。这是因为CPU在开发阶段承担了大部分处理工作的负载。这项繁重的工作涉及从着色器的编译到代码的编译，只有多内核CPU才能有效分解这些进程。如果用户采用英特尔处理器，一般推荐英特尔酷睿i5-12600K及更高版本；AMD，推荐使用Ryzen 5 5600X及更高版本。

2. 内存

通常情况下，内存空间越大越好。为了保证内存不会很快被浏览器、操作系统和其他可能正在运行的程序耗尽，要稳定运行虚幻引擎，至少需要16GB或更大的内存。

3. 显卡

虚幻引擎5所需的图形处理器(GPU)通常取决于软件工作的负载。一般来说，英伟达GTX1050以上显卡即可满足软件的最低运行要求，但如果用户需要处理虚拟现实内容等超高工作负载的项目，就需要更高性能和显存的GPU。比如英伟达GeForce RTX 3090显卡，拥有24GB的VRAM和出色的性能，它是用于游戏开发、虚拟制作和建筑可视化的最佳GPU之一。

5.1.2 项目设置

在UE5启动后，项目浏览器将显示不同行业的开发模板，用户可从"游戏""影视与现场活动""建筑""汽车、产品设计和制造"中选择相应的类。根据不同项目，所创建的模板中也将会有相应的不同功能，如图5-3所示。

图5-3　UE5项目创建界面

项目创建分为"蓝图"与"C++"两种类型，即蓝图可视化脚本编程和C++语言编程。如图5-4所示，在"目标平台"中，用户可根据项目最终发布的目标平台选择移动端或计算机主机。"初学者内容包"被勾选后，项目内将包含额外的材质、纹理、粒子等可放置资产。"光线追踪"是否开启，将对画面的光照产生较大影响，具有更好的光学效果，如对反射与折射有更准确的模拟效果，并且效率非常高。当用户追求高质量的效果时，可使用这种方法，但光线追踪对显卡有较高要求，不是所有显卡都能支持。

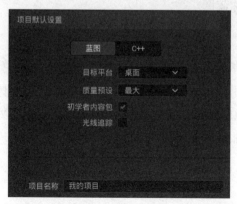

图5-4　项目设置

创建工程后，计算机硬盘对应的存储路径将会生成工程目录文件夹，如图5-5所示。

Config   Content   DerivedDataCa   Intermediate   Saved   我的项目.
                              che   uproject

图5-5　工程目录文件夹

其中，"Config"文件夹包含项目默认配置文件，包含的参数可用于控制引擎的行为。"Content"文件夹保存了引擎中的所有资产内容，例如模型、材质、动画、声音等。"DerivedDataCache"文件夹包含项目产生的派生数据文件，这类数据专为被引用内容生成(加载时)，随着项目内容的增多，所产生的缓存文件将存入该文件夹中。"Intermediate"文件夹包含编译项目(unreal build tool)时生成的临时文件，例如用户使用 C++ 创建项目，这些文件可以删除并重新构建。"Saved"文件夹包含引擎生成的文件，例如配置文件和日志。"uproject"后缀的文件是工程的启动文件。

5.1.3　专业术语

1. 项目

虚幻引擎项目(project)保存着用户所需的所有内容和代码。项目在计算机硬盘上由许多目录构成，例如蓝图和材质，用户可以随时修改项目目录的名称和层级关系。虚幻引擎编辑器中的内容浏览器所展示的目录结构和用户在硬盘上看到的项目目录结构相同。内容浏览器面板会镜像显示磁盘上的项目目录结构。

2. 蓝图

蓝图可视化脚本(blueprint visual scripting)系统是一种功能齐全的编程脚本系统，它允许用户在虚幻引擎编辑器中通过基于节点的界面来创建交互元素。和许多常见脚本语言一样，用户可以用它在引擎中定义面向对象的类或对象(object)。在使用UE时，使用蓝图定义的类一般也统称蓝图。

3. 对象

在虚幻引擎中，最基本的类称为object。换句话说，它就像基本的构建单位，包含资产的基本功能。虚幻引擎中的大多数类都继承自object(或从中获取部分功能)。在C++中，uobject是所有object的基类，包含各类功能，诸如垃圾回收、通过元数据将变量公开给编辑器以及保存和加载时的序列化功能。

4. 类

类(class)用于定义虚幻引擎中Actor或对象的行为和属性。类可以被继承，这意味着某个类可以从其父类(衍生或派生出该类的类)获得信息，然后再将信息传递给子类。类可用C++代码或蓝图创建。

5. Actor

所有可以放入关卡的对象都是Actor，比如摄像机、静态网格体、玩家起始位置。Actor支持三维变换，例如平移、旋转和缩放。用户可以通过逻辑代码(C++或蓝图)创建(生成)或销毁Actor。在C++中，AActor是所有Actor的基类。

6. Pawn

Pawn是Actor的子类，它可以充当虚拟环境中的化身或人物(例如游戏中的角色)。Pawn可以由玩家控制，也可以由AI控制并以非用户角色(NPC)的形式存在于虚拟环境中。当Pawn被人类用户或AI控制时，它被视为已被控制(possessed)；相反，当Pawn未被人类用户或AI控制时，它被视为未被控制(unpossessed)。

7. 角色

角色(Character)是Pawn和Actor的子类，旨在用作用户角色。角色子类包括碰撞设置、双足运动的输入绑定，以及用于控制运动的附加代码。

8. 玩家控制器

玩家控制器(player controller)会获取虚拟环境中用户的输入信息，然后转换为交互效果，每个游戏中至少有一个玩家控制器。玩家控制器通常会控制一个Pawn或角色，将其作为用户在虚拟环境中的化身。

9. 关卡

关卡(level)是用户定义的游戏区域。关卡包含用户能看到的所有内容，例如几何体、Pawn和 Actor。在虚幻引擎编辑器中，每个关卡都被保存为单独的".umap"文件，它们有时也被称为地图。

5.1.4　工作界面

虚幻引擎5的工作界面呈灰黑色色调，由三个固定界面和部分活动窗口组成，工作界面的上方有菜单栏、模式选择区、项目设置区；中部有视口区；右侧有大纲与细节面板；下方有内容浏览器。UE5工作界面如图5-6所示。

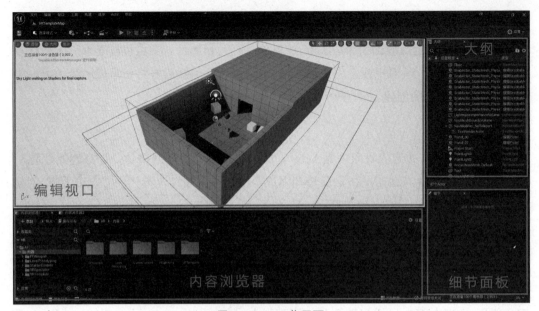

图5-6　UE5工作界面

1. 视口区

视口区是模型显示、编辑、渲染的主要区域。位于视口区左下方的坐标系，由红、绿、蓝三色组成，分别表示对应 X、Y、Z 三个轴向，这是三维场景的坐标系，随着视角的旋转，三个轴向也会一起转动。通过视口区左上方 透视 (透视)按钮，可切换多个角度的视角。其中"上部"是用户从场景的正上方看到的视角，"左视图"是用户从物体对象的正左方看到的视角，"正视图"是用户从正前方看到的视角，"透视图"是用户的自定义视角。 光照 (光照)按钮下可切换不同的视图模式，例如线框模式、无光照模式、仅显示反射模式、碰撞显示等。在 显示 (显示)按钮下，用户可根据场景中物体的不同属性显示开、关，例如单独显示地形、贴花、静态网格体、大气雾等。用户通过视口区右上方 按钮可对场景中模型进行选择、移动、旋转、缩放的操作。

2. 内容浏览器

内容浏览器是虚幻引擎编辑器的资产存储区域，用于在虚幻项目中创建、导入、整理、查看和修改内容资产。用户还可以使用它管理内容文件夹，并执行专有资产操作，例如使用文本筛选器查找资产，在内容文件夹之间迁移资产，或将资产迁移到不同的项目，如图5-7所示。

图5-7　内容浏览器

3. 大纲

　　大纲列表用层级树形视图显示场景中的所有物体，在大纲列表中的内容都可以在场景中找到。用户可以在大纲列表中选择和修改Actor，按名称、类型和其他特征搜索和筛选Actor；还可以对场景中的物体进行分组、替换等操作，如图5-8所示。

图5-8　大纲列表

4. 细节面板

　　细节面板中显示场景Actor的基本属性。在视口区或大纲中选择Actor，细节面板中随即显示其对应的属性内容。其中，"变换"是所有Actor共有的属性，记录了在场景中的位置、旋转和缩放信息。此外，用户还可以在细节面板中设置Actor的材质、物理、碰撞及其他特有的属性，如图5-9所示。

图5-9　细节面板

5.1.5　选择模式

选择模式是在虚幻引擎中专门用于加快和简化场景创建的工具。UE5中的选择模式包含地形系统、植物编辑、网格体绘制、建模、破裂、笔刷编辑等多个模式，如图5-10所示。

图5-10　选择模式

1. 地形系统

虚幻引擎可以直接在编辑器中创建并编辑地形，例如自然景观，通过地形系统可以制作出地形场景中丰富的形状变化和材质变化。编辑地形可分为雕刻(sculpt)和绘制(paint)两种模式。

雕刻模式的作用是对地形进行外形上的塑造和打磨。通过"涂抹""侵蚀""噪点""平整"等工具，可打造出千变万化的自然地形景观和效果。对地形的修改最终会体现在高度图中，虚幻引擎会在运行时对这张图进行采样，从而产生地形网格体。

绘制模式主要用于绘制地表，开发人员可以创建多个地形层(landscape layer)，每一个层都可以使用不同的纹理，比如雪地、草地、土壤等。在绘制模式下，用户可以选择不同的层对地形进行绘制，绘制完成后，虚幻引擎会根据层的数量生成对应的权重图，并保存每一个层的权重。由于权重图拥有RGBA四个通道，一张权重图至多能保存四个层，每四个层会额外生成一张权重图，层数量越多，显存消耗越大。在运行时，虚幻引擎会对当前地块的权重图和层纹理进行采样并混合，最终形成地表纹理。

2. 植物编辑模式

植物编辑模式是虚幻引擎中用于创建大型植被环境的工具，从森林草原到城市中的花草树木，都可利用该模式进行创建。在植物编辑模式下，用户可将筛选后的静态网格体(模型)拖入"植物放置口"，然后通过笔刷绘制工具在场景中进行批量绘制。在绘制过程中，还可以通过笔刷尺寸、绘制密度来控制植被绘制的数量。此外，用户还可以使用锁套、选择等工具来调整或剔除已生成的植物编辑模型。

3. 网格体绘制

网格体绘制工具支持开发人员以交互的方式为视口区的静态网格体绘制顶点颜色。用户可以使用单一颜色或alpha值来绘制单个网格体的多个实例，并在材质中任意使用该数据。

网格体绘制工具包含颜色、权重、纹理三种不同的绘制模式，如图5-11所示。其中顶点"颜色"绘制模式可将颜色数据直接绘制到网格体的顶点上；顶点"权重"绘制模式可在绘制时混合不同的纹理；"纹理"权重绘制模式允许用户在纹理上直接绘制。

图5-11 网格体绘制模式

4. 建模模式

建模模式早期在虚幻引擎4.26中作为插件出现，随后在虚幻引擎5中成为正式的工具。在建模模式下，用户可直接在虚幻引擎中创建、塑造和编辑网格体。建模模式中的许多工具与Maya、C4D等传统建模软件的工具相似，例如挤压、焊接、布尔运算等，允许用户直接使用它来创建网格体，快速制作几何体的原型以及编辑现有模型。建模模式的出现，简化了用户的工作流程，减少了不同软件中对模型资产导入导出的烦琐步骤。例如在旧版本的引擎中，用户要进行模型之间的合并、切割、细分、UV调整等工作，必须返回建模软件中才能完成，如图5-12所示。

图5-12　建模模式

建模模式下子菜单对应不同的功能，如表5-1所示。

表5-1　建模模式子菜单功能

子菜单	功能
Shapes(形状)	创建基础几何体
Creat(创建)	自由创建复杂网格体
PolyModel(多边形模型)	使用多边形组编辑网格体
TriModel(三角形模型)	通过三角形编辑网格体
Deform(变形)	调节或扭曲网格体的整体外形或特定区域
Transform(变换)	调整网格体的放置或呈现
MeshOps(模型优化)	优化网格体
VoxOps(体素)	将网格体转换为体素以执行体积操作，然后再将其转换回网格体
Attributes(属性)	检查和调整网格体的二级属性
UVs(UV编辑)	编辑网格体的UV坐标
Baking(烘焙)	为网格体生成纹理和顶点颜色数据
Volumes(体积)	在体积、网格体、二进制空间分区和简单碰撞表示之间进行转换
LODs(细分级别)	编辑和管理网格体的细节级别

5. 破裂模式

　　破裂模式是虚幻引擎中用于创建物体破裂效果的工具集，它能够真实地还原物体物理破裂的整个过程，例如玻璃坠落后的破碎、建筑物的坍塌等，如图5-13所示。

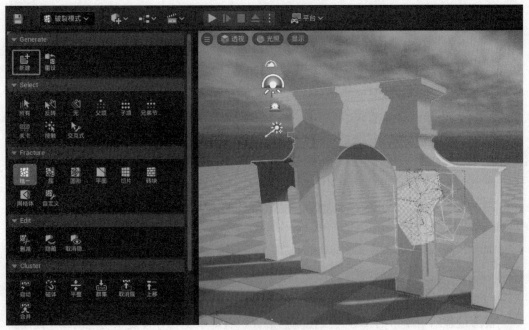

图5-13　破裂效果设置

　　在UE5中创建模型破裂，首先，用户在场景中导入静态网格体，在破裂模式菜单中新建破裂内容，将新建的破裂文件存放在指定的文件夹中；其次，用户在"统一""簇""圆形"等类型中任选一种添加效果，完成之后单击模型的细节面板，关闭"显示骨骼颜色"以去掉模型上的ID颜色；最后，在细节面板的"物理"中勾选"模拟物理"属性。此时运行场景，即可实现场景中模型的破裂效果，如图5-14所示。

图5-14　破裂效果的实现

6. 笔刷编辑模式

笔刷编辑模式与建模模式类似，能够在引擎中实现基本的建模功能。但笔刷编辑功能只能应用于几何体(盒体笔刷)，不能对静态网格体进行编辑。笔刷编辑功能可对几何体的表面进行点线面的编辑、挤压、翻转、分割等操作，如图5-15所示。

图5-15　笔刷编辑模式

5.2　蓝图系统

蓝图是虚幻引擎中的一种可视化编程语言。引擎事先将各种复杂功能的C++代码封装成模块，并以节点的形式创建，用户在调用它们时用鼠标将其排列连接就可以实现编程操作。蓝图可视化脚本对于用户来说十分友好，用户无须触碰任何代码，只需要掌握蓝图使用规则，就能快速制作出原型并推出交互内容。使用蓝图可视化脚本可以有效提高虚拟现实项目开发的效率，极大地降低程序制作的门槛。用户使用蓝图，可以实现构建对象行为和交互、修改用户界面、调整输入控制以及其他需要编程才能完成的操作。

5.2.1　蓝图的类型

在虚幻引擎中，常用的蓝图类型有两种，即关卡蓝图和蓝图类。这两种蓝图都具备为对象编写功能的能力，两者最大的区别是关卡蓝图在用户创建的每个关卡中只能有一个，且只能在本关卡中使用；蓝图类可以用于任何关卡，可以重复多次使用，并且可以拥有子类。

1. 关卡蓝图(level blueprint)

关卡蓝图用于本关卡范围内全局事件程序逻辑的编写。在默认情况下，项目中的每个关卡都创建了自己的关卡蓝图，用户可以在虚幻引擎编辑器中编辑关卡蓝图，但不能通过编辑器接口创建新的关卡蓝图。关卡蓝图可以用于与蓝图Actor类互动，以及管理某些系统，例如过场动画和关卡流送等。但在关卡蓝图中编写的任何功能都会和此关卡绑定，如果用户要更换关卡，就需要新建关卡蓝图，然后重新写脚本。

如图5-16所示，在关卡蓝图中，用户可对关卡中选择的物体创建引用，添加利于关卡设定的功能，或对其添加重叠、命中等触发事件。

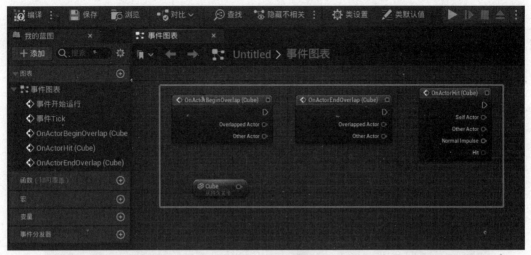

图5-16　关卡蓝图

2. 蓝图类(blueprint class)

蓝图类是对特定类型对象使用的数据和行为的定义，可以基于C++类或另一个蓝图类，它是一种允许内容创建者基于现有内容添加功能的脚本资源。相较于关卡蓝图，蓝图类更加模块化，创作者编写的蓝图只会和这个类绑定，此蓝图类可以用于任何关卡，并且效果相同。

蓝图类是在虚幻引擎编辑器中可视化创建的，不需要书写代码，会被作为类保存在内容浏览器中。这些蓝图类定义了一种新类别或新类型的Actor，这些Actor可以作为实例放置到地图中，与其他类型的Actor的行为一样。

蓝图类是制作场景中交互资源的理性类型，用户创建后可在其组件栏中添加静态网格体、灯光、粒子、音频等诸多组件，不仅可以在场景中反复调用，还可以通过创建子类衍生出可以继承父类功能的子类蓝图。如图5-17所示，蓝图类命名一般以"Blueprint_"或"BP_"开头。

图5-17　内容浏览器中的蓝图类

5.2.2　蓝图类的创建和使用

蓝图类定义对象的属性和功能，根据需求，开发者可以创建多种不同类型的蓝图，但在这之前，需要为该蓝图指定继承的父类，从而使开发者可以在自己的蓝图里调用父类的属性。

1. 蓝图类的创建

用户可通过内容浏览器的"添加"按钮或在内容浏览器中单击鼠标右键新建蓝图类。用户在创建蓝图类时，需要选择一个父类，如图5-18所示。父类中的所有变量、方法和操作都事先由引擎封装完成，并将成为所创建的新类的一部分。新类称为子类，子类将继承父类中的内容。

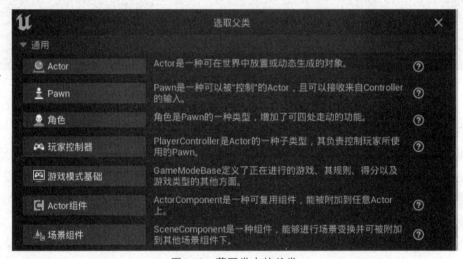

图5-18 蓝图类中的父类

一般情况下，只要用户选择继承自Actor类，就表示可以在关卡中放置或产生的对象所使用的基类。Pawn是所有用户或AI可以操控的Actor类，它是应用运行的时候可以被操纵的对象。Character是Pawn的子类，代表关卡内操控的具体对象，既可以是人物角色，也可以是带有轮子的载具，还可以是第三人称视角，虽然没有具体操纵的实体，但仍然能操控某个对象，并在场景内漫游。

除了在内容浏览器中直接创建蓝图类，用户还可以将场景中已有的Actor转化为蓝图类。

2. 蓝图类编辑器界面

蓝图编辑器是基于节点连接的图表编辑器，它是创建和编辑可视化脚本网络的主要工具。在虚幻引擎中，根据不同的需求，不同类型的蓝图(如关卡蓝图、动画蓝图、控件蓝图等)，其蓝图脚本的位置和可使用的工具会有细微变化，编辑器界面也同样有所差别。但蓝图编辑器运行的逻辑和主要任务都是一样的，即通过不同功能节点间的连接组合，驱动诸多元素的有效运行。

在内容浏览器中选择创建的蓝图类，双击即可打开编辑器界面。蓝图类编辑器主要分为工具栏、组件、"我的蓝图"、细节面板、视口、构造脚本、事件图表七个部分，如图5-19所示。

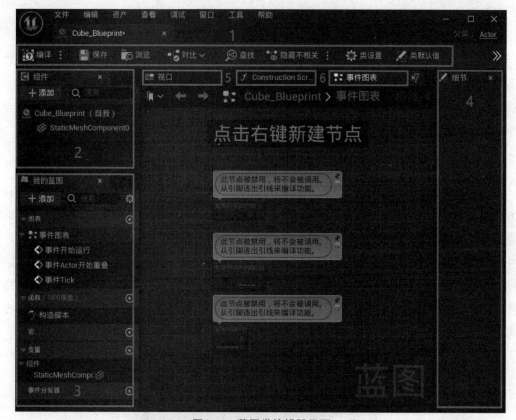

图5-19　蓝图类编辑器界面

(1) 工具栏。工具栏默认显示在编辑器上方，为用户提供针对当前蓝图类的保存、查找、设置等命令。其中"编译"命令是验证节点和应用修改的必要操作，通常在蓝图节点或变量被修改之后，都需要先执行编译命令以便验证程序能否正常运行。

(2) 组件。组件是蓝图的基本单元，它类似于容器，可以把各种各样的功能放置在里面，例如为蓝图类添加音效、粒子特效、骨骼或静态网格体以及摄像机等组件。在添加组件后，蓝图类就获得了该组件所提供的功能。

(3) 我的蓝图。我的蓝图面板用于管理和新建蓝图的变量、宏、函数和图表。它被划分成多个类别，每个类别有一个"+"按钮，用于添加新元素。

(4) 细节面板。细节面板显示蓝图类当前选中的元素(可以是变量、函数或组件)的属性。这些属性按类别归类，它们的值可以修改。面板顶部有一个搜索框，可以用于过滤属性。

(5) 视口。视口是蓝图类中各组件视觉呈现的窗口。例如静态(骨骼)网格体组件、粒子组件、灯光组件、文本渲染组件等。开发者可以像在关卡编辑器中一样，使用变换工具在视口中对组件进行操控。

(6) 构造脚本。构造脚本包含的节点图表允许场景中的蓝图实例执行初始化操作。构造脚本的功能非常丰富，它们可以执行场景射线追踪、设置网格体和材质等操作，从而使用户根据场景环境来进行设置。例如，光源蓝图可以判断其所在地面类型，然后从一组网格体中选择合适的网格体。

(7) 事件图表。事件图表是蓝图系统的核心。开发者可以在此面板创建节点网络，通过连接节点的方式来实现事件的调用、数据的传递等行为。节点图表使用事件和函数调用来执行操作，从而响应与该蓝图有关的互动事件。它添加的功能会对该蓝图的所有实例产生影响，开发者可以在这里设置交互功能和动态响应。事件图表的使用方式是添加一个或多个事件来充当输入点，然后连接函数调用、流控制节点和变量来执行所需操作。

3. 蓝图类实例化

在对蓝图类进行编译之后，就可以将其置入场景进行实例化。开发人员可通过两种方式对场景中实例化的蓝图类进行编辑。第一种方式是在大纲列表中选择实例后打开编辑蓝图的选项，对蓝图编辑器中的组件进行重新编辑。这种方式会直接修改此蓝图类，并影响到场景中的其他实例同时发生改变。第二种方式是选择蓝图实例后，在该实例的细节面板中进行修改。开发人员可对其中的组件进行增加或重新设置已有组件的网格体、更换材质、调整物理和碰撞属性等(见图5-20)。这种方式只会改变当前实例中的内容，不会更改蓝图类本身，也不会影响到该蓝图类的其他实例。

图5-20　蓝图类实例的更改

5.2.3　蓝图中的事件

蓝图事件用于执行程序逻辑、交互事件和动态响应，使蓝图执行一系列操作，对程序中发生的特定事件(例如开始、发生碰撞、受到伤害等)进行回应。常用的事件有开始运行事件、开始重叠事件、Tick(每帧调用)事件、自定义事件等。这些事件可在蓝图中访问，以便实现新功能，或覆盖(扩充)默认功能。任意数量的事件均可在单一事件图表中使用，但每种类型只能使用一个，每个事件只能执行一个目标。如果用户想要通过一个事件触发多个操作，需要将这些事件线性串联起来。

蓝图中的事件专注于触发事件的时机，事件一旦触发，处理的逻辑结果与事件本身就没有关系了。比如用户按下键盘或者单击鼠标，与事件本身没有联系，它只要被触发就完成了任务。

1. 开始运行事件

当程序运行时，BeginPlay事件将首先且自动被触发，例如播放一段音乐，或在场景中生成一个Actor。在每个蓝图类中，开始运行事件只能被调用一次，如图5-21所示。

图5-21　开始运行事件

2. 开始重叠事件

重叠事件是指Actor与Actor之间发生碰撞或重叠时产生的响应事件，例如用户控制的角色触碰到开关后门被开启。只有当Actor之间的碰撞响应设为重叠时，事件才会发生。如图5-22所示，当Actor与Actor发生重叠时，Actor自身会沿Y轴旋转90的数值，即旋转90°，并且每次重叠都会执行一次。

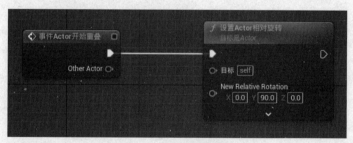

图5-22　开始重叠事件

3. Tick事件

Tick事件是指引擎进程中每帧调用的事件。例如，在以每秒60帧速度运行的游戏中，每秒会调用60次Tick事件。Tick事件节点中有一个参数称为"变化秒数"(Delta Seconds)，它包含自上一帧以来经过的时间。如图5-23所示，在Tick事件中，Actor自身沿着Z轴以每帧1°的速度进行旋转。

在Tick事件下，引擎每秒要执行几十到上百次的运算，这会对性能产生较大的影响，因此用户应当仅在必要时才使用此节点。

图5-23　Tick事件

4. 自定义事件

自定义事件是由用户自己创建，可以在一个图表中多次调用的事件。自定义事件为用户提供了一种创建自己事件的方法，用户可以在蓝图序列的任何地方调用这些事件。自定义事件具有一个用于执行的输出引脚和可选的输出数据引脚，当用户想把多个输出执行线连接到一个特定节点的输入执行引脚时，使用自定义事件可以简化图表的节点连线网络。

和常规事件不同，自定义事件没有触发事件的预制条件，需要用户通过调用函数的方式调用；常规事件在每个图表的每种事件类型中仅能调用一次，而自定义事件允许在图表中多次调用。如图5-24所示，用户创建自定义事件"Hello"，并执行打印字符串。用户通过创建键盘输入事件"1"，调用已经定义的函数"Hello"，同时通过"事件开始运行"再次调用该函数。

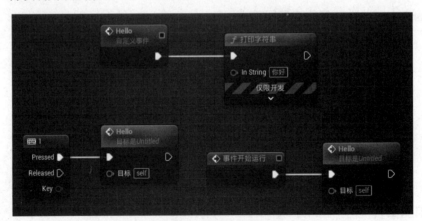

图5-24　自定义事件

5.2.4　蓝图中的变量

变量是指存储计算结果或引用世界场景中的对象或Actor的抽象概念，用于存储蓝图中的值和属性。变量的属性可以由包含变量的蓝图通过内部方式访问，也可以通过外部方式访问，以开发人员使用放置在关卡中的蓝图实例来修改变量的值。变量在蓝图事件图表中显示为包含变量名称的圆形框节点，如图5-25所示。

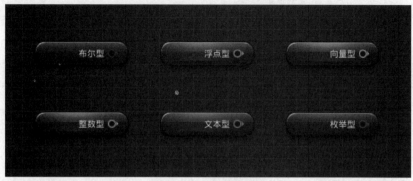

图5-25 变量节点

1. 变量的类型

变量可分为不同的类型，不同类型的变量存储不同类型的数值和属性。例如布尔类型变量用于存储"True"或"False"值 (真或假)，整数类型变量用于存储整数值，字符串或文本变量用于存储文本内容。为了便于用户识别，不同类型变量采用不同颜色编码，如图5-26所示。

图5-26 变量的类型

不同变量类型及含义如表5-2所示。

表5-2　变量类型及含义

变量类型	含义
布尔	表示"是"或"不是"
字节	用于存储0～255的整数值
整数	用于存储没有小数位的整数数值，如"0、100、-10、-258"
浮点	用于存储小数值
命名	用于存储文本
字符串	用于存储字母、数字、字符
文本	用于表示向用户显示的文本，对于要本地化的文本可使用此类型
向量	包含浮点值X、Y、Z，主要用于3D坐标
旋转体	用于定义3D空间中旋转的一组数字
变换	结合3D位置中的平移、旋转和缩放的数据集

2. 变量的创建与使用

如图5-27所示，在关卡蓝图或蓝图类中，用户可通过单击"我的蓝图"中的"+"按钮创建一个新变量；通过鼠标右键或键盘F2键，可修改当前变量名称；单击新创建的变量类型名称，可修改其变量类型；点亮后边的眼睛图标，可使当前变量成为公有变量，即允许用户在此蓝图的每个实例上进行编辑。

图5-27　变量的创建

变量在蓝图中的使用有两种方式。一种是"获取"(get)，即直接读取它的值；另一种是"设置"(set)，即用户对它重新进行设置。如图5-28所示，用户可直接将创建好的变量拖入蓝图事件图表中，这时可选择"获取"或"设置"；也可以在拖入变量的同时，按住"Ctrl"(获取)键或"Alt"(设置)键来使用变量。

图5-28　变量的获取与设置

5.2.5　蓝图通信

在虚幻引擎中，蓝图通信是蓝图与蓝图之间传递或共享信息的方式。蓝图只能使用其内部定义的变量和函数等，无法直接使用其他蓝图内部定义的变量和函数。因此，需要通过蓝图通信的方法使蓝图之间产生联系。比如，蓝图A想要获得蓝图B定义的信息（该信息只在蓝图B中有），就需要先联系蓝图B，这一过程就称为蓝图通信。

1. 引用通信

引用通信是目标Actor与当前Actor之间一对一的通信方法，也是蓝图通信中最常用的类型。具体使用方法是用户在蓝图类中创建目标Actor的引用，并使其为公有变量；然后在蓝图实例的细节面板中通过吸管工具选择目标Actor。这时就可以在蓝图类中调用目标Actor中的变量与函数。

这里将创建BP_Cube类蓝图与BP_Fire类蓝图一并放置在场景中，如图5-29所示。在运行中，当用户靠近BP_Cube实例时会出现火焰的粒子效果。以下为实现该功能的过程。

图5-29　蓝图类的引用通信

(1) 在BP_Cube类蓝图编辑器中创建变量"Fire"，并设置变量类型为"BP Fire"，打开"眼睛"图标，使其成为公有变量，如图5-30所示。

图5-30　创建变量

(2) 选择场景中BP_Cube实例，在细节面板中找到已公开的Fire变量并使用吸管工具，将其指定为BP_Fire实例。

(3) 在BP_Fire类蓝图编辑器组件中，添加粒子组件并命名为"P Fire"。在细节面板中为其选择火焰的粒子效果(需要提前加载初学者内容包)，并关闭"自动启用"。

(4) 回到BP_Cube类蓝图编辑器，如图5-31所示，在事件图表中创建"事件Actor开始重叠"事件。将Fire变量拖入事件图表并获取，以此调用BP_Fire类中的P Fire粒子组件，并对其连接"设置激活"节点。

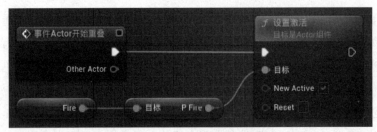

图5-31　事件图表中调用变量

2. 获取蓝图类的所有Actor

用户要在一个蓝图中去访问另一个蓝图中的元素，可以先获取该蓝图类中的所有Actor，再通过索引值获取该蓝图实例，接着就可以获取和设置该蓝图实例中的元素。如图5-32所示，用户通过"获取类的所有Actor"节点，使蓝图BP_Cube去访问和修改蓝图BP_Fire中的元素P Fire。其中"GET"节点中的"0"是该实例在蓝图数组中的索引值。

图5-32　获取蓝图类的所有Actor

3. 蓝图接口

蓝图接口允许不同的蓝图相互共享和发送数据，它是一个或多个函数的集合。它可以被添加到其他蓝图中，任何添加了该接口的蓝图都可以拥有这些函数，为添加它的每个蓝图提供功能。在本质上，蓝图接口类似于一般编程中的接口概念，它允许多个不同类型的对象通过一个公共接口共享和被访问。

蓝图接口的使用为用户提供了一种实现与多个不同类型的对象交互的通用方法，这些对象可以共享某些特定的功能。例如在VR游戏中，一辆车和一棵树都可以被武器射击并遭到破坏。用户可创建包含命中后发生响应的函数的蓝图接口，并让车和树都添加该接口，当车和树被击中时，只需调用接口中的函数，就能让车和树产生同样的命中效果。

4. 事件分发器

事件分发器是另一种蓝图通信方法。采用此方法时，当一个Actor触发了一个事件后，监听该事件的所有其他Actor都会收到通知。在这种方法中，负责发送事件的Actor需要创建一个事件分发器(Event Dispatcher)，所有监听该事件的Actor都会订阅该事件分发器。此通信方法采用一对多关系，每当当前Actor触发事件分发器后，监听该Actor的其他Actor都会收到通知。

通过将一个或多个事件绑定到事件分发器，可以在调用事件分发器时触发所有这些事件。这些事件可以绑定到蓝图类中，事件分发器也允许在关卡蓝图中触发事件。

5.3 材质系统

材质是3D渲染系统中对真实物体视觉效果的模拟，它定义了3D对象的表面属性。从广义上来讲，可以将材质视为模型表面用来控制其视觉外观的"涂料"。在虚幻引擎中，材质主要用于描述对象如何反射和传播光线，定义了模型表面的颜色、反射性、粗糙度、凹凸度、透明度等。引擎在执行这些计算时，使用了图像(纹理)和材质表达式以及材质本身固有的属性，将其应用到材质数据中。

5.3.1 材质系统概述

在虚幻引擎中，材质系统主要包括纹理、着色器、材质三个部分。三者相互作用，构建出各种复杂的模型表面外观。

1. 纹理

纹理即贴图，它是一种主要用于材质的图像资产，通过映射的方式包裹于模型表面。纹理贴图主要适用于模拟对象质地、提供纹理图案、反射、折射等效果(贴图还可以用于环境和灯光投影)，依靠各种类型的贴图，用户可以创作出千变万化的材质效果。高超的纹理贴图技术是制作仿真材质的关键，也是决定最后渲染效果的关键。

虚幻引擎支持bmp、jpg、png、psd、tga、dds、tiff等多种图像格式，以及512×512、1024×1024、2048×2048、4096×4096等像素(满足2的N次幂)标准的纹理分辨率。

纹理资产编辑器是一个独立窗口，用户可以通过它来查看和编辑纹理资产。细节面板会显示纹理的额外信息，以及一组可配置的属性，例如设置压缩格式、调整亮度和饱和度、设置细节水平等，如图5-33所示。

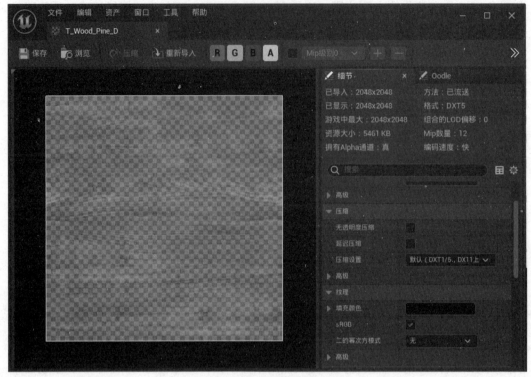

图 5-33　纹理编辑器

2. 着色器

在计算机图形学领域中，着色器是通过编写显卡渲染画面的算法来即时演算生成贴图的一种程序。在图形硬件上使用着色器计算渲染效果有很高的自由度。尽管不是硬性要求，但大多数着色器是针对GPU开发的。GPU的可编程绘图管线已经全面取代传统的固定管线，可以使用着色器语言对其编程。对于构成最终图像的像素、顶点、纹理，也可以利用着色器中定义的算法动态调整它们的位置、色相、饱和度、亮度、对比度。调用着色器的外部程序，可以通过调整着色器的外部变量、纹理来修改相关参数。

在计算机游戏里，为了能实时显示极为复杂的场景，呈现逼真的效果，许多运算工作都是交给着色器处理的。着色器能精确完成实时光照效果，处理大量的三维数据计算，允许用户将各种各样的纹理、映射和数学函数直接导向输出值，例如漫反射颜色、高光强度、金属度、粗糙度、法向量等。

3. 材质

材质可以看成封装好的着色器集合,它通过与不同颜色和纹理的组合来表现物体的质感与肌理效果,表现物体对光的交互。材质是供渲染器读取的数据集,包括贴图纹理、光照算法等。例如,金属对光的反射和泥土对光的反射是完全不一样的,渲染时引擎会根据材质的不同计算出不同的颜色与质感。材质是表面各种可视属性的结合,这些可视属性是指表面的色彩纹理、粗糙度、金属性、透明度、反射率、折射率、发光度等。

5.3.2 材质编辑器

在虚幻引擎中,材质属于一种资产,例如静态网格体、纹理或蓝图,用户在内容浏览器中创建材质后可多次使用。材质编辑器用于调节材质的各项属性、参数以及添加纹理贴图等。如图5-34所示,材质编辑器主要由视口、细节面板、材质节点面板组成。用户通过视口面板可以实时预览当前材质的最终光照效果;用户在细节面板中可调节当前材质的各项属性;材质节点面板是材质编辑的主要工作区域,用户可调用各种参数节点、数学公式等,将各种材质表达式节点与主材质节点连接,得到最终的材质输出效果。

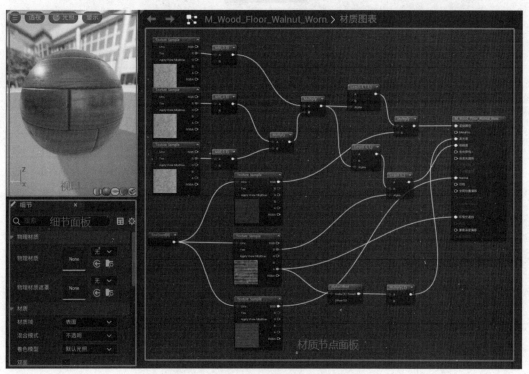

图5-34 材质编辑器

数据在材质图表中从左向右流动,主材质节点是每个材质网络的终点。主材质节点包含最终输入引脚,这些引脚将确定使用材质编译哪些信息。除非图表中的材质表达式是连接到主材质节点链的一部分,否则不会影响材质。主材质节点包含当前材质的基础颜色、金属性、高光度、粗糙度等参数,如图5-35所示。

图5-35　主材质节点

材质节点释义如表5-3所示。

表5-3　材质节点释义

材质节点	释义
基础颜色	材质本身的漫反射颜色，不包含任何镜面反射和高光效果
金属度	材质的金属度。非金属材质的金属感数值为0，金属材质的金属感数值为1
高光度	材质表面反射光线的强度。高光度输入值的范围为0到1，用于定义表面的反光程度
粗糙度	控制材质表面的粗糙或光滑程度。该数值控制反射的模糊或锐利程度。粗糙度为0时，表面为镜面反射；粗糙度为1时，结果是漫反射或哑光表面
各向异性	用于控制材质粗糙度的各向异性和光照方向。它们可用于实现材质的各向异性效果，例如金属拉丝效果
自发光颜色	控制材质发光的部分以及发光颜色和强度
不透明度	物体表面是否透明，适用于半透明(Translucent)与添加(Additive)模式
不透明蒙版	仅在使用遮罩模式下(Masked)可使用，与不透明度(Opacilty)一样，但不会出现半透明的颜色，该种模式下材质为完全可见或完全不可见
切线	控制物体表面的细节，使物体表面有凹凸感
世界场景位置偏移	允许网格体的顶点在世界空间中由材质操纵，从而实现对象移动、形状改变、旋转和其他效果，适用于环境动画等内容
曲面细分乘数	控制沿表面的曲面细分量，能够在需要的地方添加更多细节
折射	通过纹理或参数模拟表面的折射率

5.3.3 材质表达式

材质表达式是材质编辑器的基本构建单元，用于在虚幻引擎中构建功能完整的材质。每个材质表达式都是一个自含式黑盒，输出一个或多个特定值；或是在一个或多个输入上执行单个运算，然后输出运算结果。材质表达式可用于构建基于复杂节点的着色器网络。创建材质表达式通常有两种方法：一是在图表面板右击鼠标，在弹出的菜单中输入表达式名称，将搜索出的节点放置在图表面板中；二是在控制板面板包含的材质节点列表中，使用鼠标选中相应的节点，将其拖放在图表面板中。

在创建材质时可用作节点的材质表达式有很多，常用的有纹理取样(Texture Sample)、常量(Constant)、常量三向量(Constant 3Vector)、纹理坐标(Texture Coordinate)、平移(Panner)、乘法(Multiply)和插值(Lerp)。

1. 纹理取样

纹理取样节点承载着需要加载的图片纹理。如图5-36所示，左侧为它的输入节点，可以与其他节点进行混合；右侧为输出节点，可以输出各通道中的颜色信息。

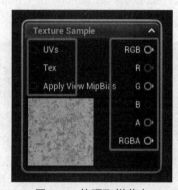

图5-36 纹理取样节点

2. 常量

常量作为一个浮点型数值，可以代表灰阶颜色。取值范围为从0到1，表示黑到白之间的颜色变化。

3. 常量三向量

常量三向量节点由三个浮点型数值组成，可以用于表示一个颜色，三个数值分别代表R、G、B三个通道，如图5-37所示。

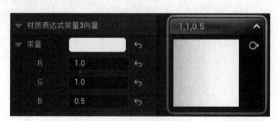

图5-37 常量三向量节点

4. 纹理坐标

纹理坐标节点用于控制和调节纹理采样的UV坐标输入，从而调节纹理缩放，如图5-38所示。

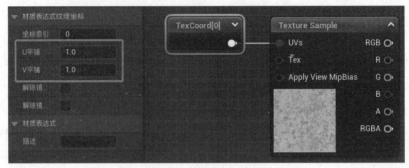

图5-38　纹理坐标节点

5. 平移

平移节点可以控制纹理采样的移动。在贴图动画中，常用到平移节点，例如将平移节点与水面材质连接，可实现水面波纹的效果，如图5-39所示。

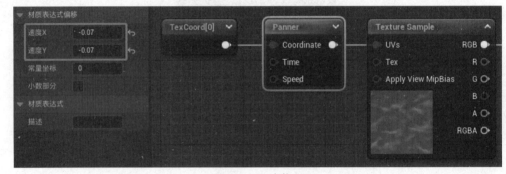

图5-39　平移节点

6. 乘法

乘法节点用于数值间相乘，可实现一些特定效果。例如纹理的RGB值与某个颜色相乘，得到该颜色的纹理；纹理与一个常量相乘，可以改变纹理的亮度。

7. 插值

插值用于A节点与B节点之间的混合。如图5-40所示，其中Alpha用于控制混合的比例。当Alpha为0.5时，A、B纹理采样各一半进行混合；当Alpha为1时，全部采用B节点。

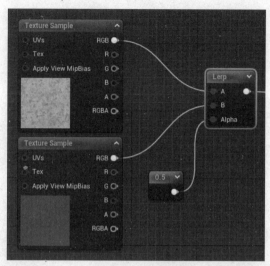

图5-40　插值节点

5.4　光照系统

光照系统的搭建对于构建逼真的虚拟环境是至关重要的。光照系统除了可以照亮场景以外，还可以使物体显示出各种反射效果、创建阴影、烘托画面氛围等。通过灯光、材质和环境的共同作用，可使三维场景更具有真实感。

5.4.1　光照系统概述

1. 光照类型

虚幻引擎提供多种类型的光照，用户可创建几乎所有类型的光照场景，适用于各种规模的虚拟场景搭建。如图5-41所示，虚幻引擎5中的五种光源类型包括定向光源、点光源、聚光源、矩形光源和天空光照。

图5-41　光源类型

(1) 定向光源。定向光源主要用于大型场景或室外光照，通常用来模拟太阳光照的效果。定向光源又称为平行光，它不受所在位置的影响，能够对场景的无限远处产生光照，因此投射出的阴影也是平行的。通过旋转定向光源可以控制光照的方向和阴影角度，如图5-42所示。

图5-42　定向光源

　　(2) 点光源。点光源是从场景中的一个位置向各个方向发出均匀的光线，类似灯泡照射的效果。如图5-43所示，点光源产生的光线具有衰减性，光照强度随着距离的增加逐渐变弱，阴影角度与方向也因光源位置的不同而不同。

图5-43　点光源

　　(3) 聚光源。聚光源又称为聚光灯，它的光源从单个点沿着一组椎体限制的方向发出光线。聚光源光照强度受到椎体半径的影响而产生衰减，同时椎体的角度会控制照射范围，阴影在聚光源的圆形光照区域周围形成羽化效果。如图5-44所示，聚光源产生的效果类似于手电筒或探照灯。

图5-44　聚光源

(4) 矩形光源。矩形光源从一个特定宽度和高度的矩形平面向场景发出光线，常用它来模拟拥有矩形面积的任意类型光源，例如电视、显示器屏幕、吊顶灯具等。同点光源或聚光源一样，矩形光源拥有球形衰减半径。如图5-45所示，矩形光源仅在沿着与矩形范围垂直的正方向的球形衰减范围内发射光线，类似于将聚光源的锥形设置为180°。矩形光源的高光区会显示光源矩形面积的宽度和高度。

图5-45　矩形光源

(5) 天空光照。天空光照是一种特殊的光源类型，它自身不能直接产生光线，需要通过捕获场景中的背景(如天空)并将其作为光源应用于场景。天空光照的光源包括两种类型：一种是直接捕获场景，例如捕捉直射光、天空等，但前提是场景中必须有其他光源存在；另一种是通过指定立方体贴图作为光源，例如HDRI图。与定向光源不同，天空光照可以同时照亮场景中物体的亮部与暗部，为场景提供间接光照的效果，因此常常将天空光照用于环境照明。如图5-46所示，立方体贴图为场景提供照明。

图5-46　天空光照效果

2. 光源的移动性

每种光源都有自己的移动性选项，用户可以定义它如何与场景中的其他Actor交互以及光照系统将如何利用光源。在虚幻引擎中，光源的移动性分为静态、固定和可移动三种类型(见图5-47)，不同类型的光源的性能消耗和光照效果都不相同。此外，光源的某些特性会在功能上受到限制，或者在某些平台或机器上不完全受到支持。例如，在移动平台上，某些光源类型无法支持动态阴影。

图5-47　光源的移动性

(1) 静态。光源的移动性处于"静态"设置下，运行时光源的强度和颜色是不能改变的，场景中的物体产生的阴影也不会随着物体移动而发生改变。在执行光照构建时，可使用光照贴图(lightmass)进行预计算，静态光源会将光照信息存储在光照贴图的纹理中，这些纹理可应用于场景中的几何体。光照构建完成后，这些光源不会对软件性能产生进一步的影响。在三种移动性中，静态光源拥有中等的视觉品质、最低的可变性和最低的性能消耗成本。

由于光照贴图将光照数据存储在几何体的纹理中，光照贴图的分辨率对于光照效果的呈现至关重要。与高分辨率的光照贴图相比，低分辨率的光照贴图无法准确捕获细节，而要达到更高的分辨率，不仅需要额外的硬盘空间存储纹理数据，还需要更长的时间为场景构建光照。

(2) 固定。移动性为"固定"的光源通常是指位置固定，但其他方面可以调整的光源。例如这类光源的亮度和颜色是可调整的。这是固定光源与静态光源的主要区别，后者在运行时无法改变。在引擎提供的三种光源移动性中，固定光源拥有最高品质、中等的可变性和性能消耗。固定光源使用动态和静态光照来实现其结果，间接光照和阴影存储在关卡的光照贴图中，直接阴影存储在阴影贴图中。此外，固定光源可使用距离场阴影，这意味着即使在光照对象上的光照贴图分辨率相当低的情况下，它们的阴影也可以保持清晰。

(3) 可移动。移动性为"可移动"的光源，可以在运行时动态地改变光源位置、强度、颜色等参数。可移动光源的性能成本高于静态或固定光源，同时取决于受光源影响的网格体数量以及这些网格体的三角形数量。例如，相比半径较小的阴影投射动态光源，半径较大的阴影投射动态光源具有更高的性能成本。

与静态光源和固定光源相比，可移动光源支持更多的动态光照和投影方法，例如阴影贴图、光线追踪阴影和网格体距离场阴影。

5.4.2 光照环境

除了直接光源以外，虚幻引擎还提供了一系列视觉效果组件(见图5-48)，用户能够利用基于物理的光照来创建大规模的沉浸式世界，同时保证工作高效性。这些针对大气、云、雾和光照的环境光照组件可无缝协作，让用户领略到完全动态光照的虚拟世界。

图5-48 视觉效果组件

1. 天空大气

天空大气(Sky Atmosphere)组件是一种基于物理的天空和大气渲染技术。通过天空大气组件可以创造类似地球的大气层，同时提供包括一天中日出和日落的时间，还可以创造奇特的外星大气层。此外，它能提供空气透视，用户利用相关行星曲率来模拟从地面到天空再到外太空的过渡。

天空大气提供一种光经过行星大气层时参与介质发生的散射,因此非常适合为大型户外场景提供逼真的视觉效果。用户通过天空大气可以改变大气环境光照中的雾和天空视觉效果,例如天空的亮度和颜色、雾的密度和亮度,天空颜色将随着太阳高度而变化,即随着主要定向光源的矢量与地面平行程度而变化。

用户可利用关卡编辑器中的模式面板执行以下步骤以启用天空大气组件。

(1) 在场景中放置天空大气组件。

(2) 在场景中放置定向光源,然后在细节面板中启用大气/雾太阳光。如果使用多个定向光源,就需要为每个定向光源设置大气太阳光照指数,例如0表示太阳,1表示月亮。

(3) 在场景中放置天空光照,以采集天空大气并让它影响整个场景。

2. 体积云

体积云(Volumetric Clouds)组件是虚幻引擎基于物理天空和云的渲染系统。该系统使用材质驱动方法,可使美术设计师充分发挥创造性,自由地创建项目所需的任意造型的云朵。

在游戏和电影中,对云的渲染主要是通过将静态材质应用到天空球网格体或者类似方法来实现的。现在,虚幻引擎的体积云系统使用支持光线步进的三维体积纹理来表示实时云层。材质驱动方法为设计师提供了极大的灵活性,让他们可以创建在天空中飘动着的各种各样的云,还能够反映一天之中的不同时间段。体积云系统采用光线步进和近似算法来模拟云渲染,具有可伸缩的实时性能,并支持多种平台和设备。体积云不仅可以让实时模拟昼夜变换成为可能,还可以支持光照的多重光源散射效果、云投射阴影和投射到云上的阴影、地面对云层底部产生的光照效果等。

3. 指数级高度雾

指数高度雾(Exponential Height Fog)是基于高度的距离雾系统。在场景较低位置处,雾的密度较大;而在较高位置处,雾的密度较小。指数级高度雾提供两种雾色,一种用于面朝主定向光源(如不存在,则为直上光源)的半球体,另一种用于相反方向的半球体。两种雾色过渡十分平滑,随着海拔升高变换雾色,不会出现明显切换。

高度雾的视觉效果是在指数高度雾组件所提供的现有环境颜色上,叠加应用天空大气高度雾。实际上,在使用天空大气组件时,Mie散射模拟了指数高度雾,所以无须再添加指数高度雾组件就可以在场景中实现高度雾的效果了。如果用户想要设置天空大气组件影响指数高度雾,就需要分别将"雾散射颜色"和"定向非散射颜色"设置为黑色。

4. 后期处理体积

将盒状的后期处理体积(Post Process Volume)覆盖至场景区域,可以对场景的颜色、亮度、光照效果等属性产生很大的影响,如图5-49所示。

图5-49　后期处理体积

(1) "镜头"类目包含用于模拟摄像机镜头的属性和设置。其中"Mobile Depth of Field"(景深效果)与真实的摄像机类似，它根据焦点前后的距离为场景提供模糊效果，将观看者的注意力吸引到镜头中的特定主体上，同时增加画面的镜头感；"Bloom"(泛光)用于模拟真实摄像机的光照瑕疵，它通过再现光源和反射性表面周围的辉光来增加所渲染图像的真实感；"Exposure"(曝光)用于选择曝光方法类型，以及指定场景在给定时间内应该变得多亮或多暗；"Chromatic Aberration"(色差)是一种模拟真实摄像机镜头颜色变化的效果，是光在不同点进入镜头导致RGB颜色分离的一种现象；"Dirt Mask"(污迹遮罩)是一种纹理驱动效果，可在屏幕定义的区域中照亮泛光，它可用于创建摄像机镜头及其缺陷的特定外观，或者是镜头上的脏污和灰尘之类的东西；"Lens Flare"(镜头光晕)是一种基于图像的技术，可模拟查看明亮物体时由摄像机镜头缺陷导致的光散射。

(2) "颜色分级"包含对渲染的场景进行颜色校正的属性，可用于控制画面对比度、颜色、饱和度、色温、阴影、高光等属性，也可全面控制场景外观的艺术风格。

(3) "电影"类目用于定义画面外观，其中的属性可确保画面外观符合学院色彩编码系统(ACES)针对电视和电影设定的行业标准。这些属性将确保画面在多种格式和显示中保持颜色一致，可用于设置相应的值来模拟不同类型的电影胶片。其中"斜率"用于设置色调映射器的S曲线的陡度。值越大，斜率越陡，图像越暗；而值越小，斜率越小，图像越亮。"末端"用于设置色调映射器的深部颜色。"肩部"用于设置色调映射器的亮部颜色。

(4) 设置"全局光照"时，可以选择使用Lumen全局光照和反射、屏幕空间全局光照、光线跟踪全局光照三种动态全局光照类型。Lumen全局光照是一个完全动态的全局光照系统，适用于所有光源、自发光材质投射光和天空光照遮挡，它可以从毫米到公里规格的大型高细节环境中渲染具有无限反弹和间接镜面反射的交互漫反射。屏幕空间全局光照是一种低成本的动态全局光照方法，但仅限于屏幕上可见的信息，它适用于处理CPU Lightmass或GPU Lightmass的预计算光照数据。光线跟踪全局光照是一种基于硬件支持的光线追踪方法，针对那些未被光源直接照射的场景区域，需要增加实时交互反射光照效果。在虚幻引擎中，硬件光追功能与传统光栅化渲染技术相结合，单个像素以较少的采样次数来实现追踪光线，结合去噪算法，使最终的渲染接近离线渲染器的效果。

(5) 在"反射"类目中，用户可以选择所需的动态反射类型以实现反射效果。其中Lumen反射是动态光照系统Lumen全局光照和反射的一部分，它使用绝大多数功能来支持所有光源、自发光材质投射光和天空光照；屏幕空间反射是一种依赖于视图的低成本反射系统，但仅限于当前屏幕视图中存在的信息；光线追踪反射可模拟光源的物理属性，在物体表面上形成多次反射。

(6) "渲染功能"是由后期处理体积设置并控制的通用渲染功能。"Post Process Mateirals"(后期处理材质) 允许将材质的域设置为后期处理(Post Process)，以创建屏幕视觉效果。通过此功能可以在材质中执行任何允许的操作，并影响游戏或场景的视觉外观。"Ambient Cubemap"(环境立方体贴图)使用立方体贴图纹理来照亮场景，图像会被映射到远处的球体(实现为立方体贴图纹理，并用Mipmap存储图像的预模糊版本)。基于立方体贴图的预模糊版本的计算方式，这些版本可用于具有不同光泽度的镜面高光(清晰与模糊反射)，还可用于漫反射光照。"Ambient Occlusion"(环境光遮蔽)属性用于控制屏幕空间环境光的屏幕空间效果，此效果可模拟自遮蔽而导致的光衰减，屏幕仅显示当前视图中可用的信息。环境光遮蔽通常用作一种辅助全局光照的微妙效果，它会使角落、裂缝和其他特征变暗，从而为场景带来更自然、更逼真的外观。"动态模糊"基于对象运动情况使对象模糊。在电影中，动态模糊源于捕获图像之前的对象移动，从而产生可见的模糊效果。"Ray Tracing Translucency"(光线追踪半透明)使用光线来追踪光在基于真实世界物理属性的半透明材质中通过的路径。

5. 球体(盒体)反射捕获

反射作为间接照明的重要手段，能够为场景增添更多的光照，同时对于营造场景的真实感至关重要。在虚幻引擎中，反射捕获用于捕获它所覆盖区域的静态图像。此方法将捕获的立方体贴图重新投射到周围的物体上，从而影响这些物体材质的表面反射。反射捕获是一种没有运行性能成本的反射方法。

反射捕获分为球体与盒体两种形状，它们的形状控制着场景的哪个部分将被捕获到立方体贴图中，以及场景的哪个部分可以接收来自该立方体贴图的反射。

(1) 球体反射捕获。球体反射捕获最为实用，它拥有橙色的影响半径，决定关卡的哪部分可以接收来自立方体贴图的反射影响。球体反射捕获较小的采集将覆盖较大的采集，因此在关卡周围放置较小的采集能够提升反射效果。对于大多数项目，最好的反射捕获方案是使用球体反射捕获和屏幕空间反射共同实现反射效果。球体反射捕获和屏幕空间反射各有优缺点，两者结合使用可充分利用两者的优点，从而弥补缺点。

(2) 盒体反射捕获。盒体反射捕获中，只有盒体内部的图像可以看到反射，同时盒体中的所有几何体将投射到盒体上，很多情况下会出现较严重的瑕疵。因此盒体反射捕获的应用场景很有限，通常只用于室内场景捕获。盒体反射捕获仅在盒体过渡距离内捕获场景，此捕获的影响也会在盒体内随过渡距离淡入。

5.4.3　全局光照

全局光照(global illumination，GI)是计算机3D图形领域中使用的一组算法通用名称，它旨在为三维场景添加逼真的照明效果。这种算法不仅考虑到直接来自光源的光照情况(直接光照)，也会考虑到来自相同光源的光线照射到场景中的物体表面时，又反弹到其他表面的后续情况(间接光照)。在真实的世界里，光源会发射出大量的光子，光子达到物体表面后会进行反射，根据反射表面的色彩而改变自身的颜色，最终进入人的眼睛。全局照明模式就是尝试模拟这种光子反弹式的物理照明过程。这种光子模拟过程为渲染增加了真实感，可帮助用户得到更为生动、真实的画面。因此，全局光照的核心就是计算间接光照。

全局光照的实现有两种方式：一种是基于光照烘焙的预计算方式；另一种是实时的动态光照方式。

光照烘焙方式使用Lightmass全局光照系统在CPU或GPU上计算光照数据。使用该方式预计算光照旨在获得高质量结果，可以将信息存储在将要应用的网格体纹理中，最终光照质量和精确度是由被烘焙网格体的光照贴图纹理分辨率所决定的，它不受实时限制因素的影响。光照烘焙方式的光照无法动态修改，对于无须变更光照的场景来说是十分理想的，也非常适合于动态光照受限的移动平台项目，例如手机游戏。使用光照烘焙需要额外的光照贴图UV来存储光照数据，性能成本与加载、存储光照贴图纹理所需的内存有关。

动态光照方式提供了实时可扩展的全局光照解决方案，可以为项目提供动态间接光照。这意味着用户在放置、移动和照亮场景中的对象时，无须额外花费烘焙光照成本或进行额外的设置。动态间接光照能够精确模拟昼夜变换或灯光开关等简单的光照变化，实现光线的精确反射。对于大型场景来说，烘焙时间、内存使用率、纹理存储和运行是使用动态全局光照时需要考量的重要因素，实时计算的性能成本要比光照烘焙的方式高很多。

Lumen是虚幻引擎5的全动态全局光照和反射系统，能够在拥有大量细节的宏大场景中渲染间接漫反射，并确保无限次数的反弹以及间接高光度反射效果，无论是毫米级(画面长度)别的场景细节还是数以千米的宏大场景，都能够应对。Lumen全局光照解决了间接漫反射光照问题。例如，在表面上散乱弹射的光线将使用表面的颜色，并将带有颜色的光线反射到其他附近的表面，从而造成颜色溢出效果。场景中的网格体还会拦截间接光照，这也会造成间接阴影。Lumen实现了全分辨率阴影，同时还可以用更低的分辨率来计算间接光照，从而实现较高的实时性能。Lumen还为光照半透明和体积雾提供更低质量的全局光照。

在虚幻引擎5默认状态下，Lumen不会被自动启用，需要在项目设置下的引擎—渲染中的动态全局光照和反射类别中启用，如图5-50所示。

图5-50　Lumen设置

屏幕空间全局光照(screen space global illumination，SSGI)是虚幻引擎的一项功能，其作用是为屏幕视图可见的对象添加动态间接光照，从而创建自然的光照效果。借助SSGI，还可以从自发光表面(例如霓虹灯或其他明亮表面)获得动态光照效果。作为一种补充性质的间接光照方法，屏幕空间全局光照可以配合Lightmass中的预计算光照方法一起使用。如图5-51所示，用户可在项目设置下的"引擎—渲染"中的光照类别下，启用屏幕空间全局光照。

图5-51　屏幕空间全局光照设置

5.5　物理引擎

物理引擎是在计算机2D或者3D场景中，用于模拟物体与场景之间、物体与角色之间、物体与物体之间运动交互的一种程序。物理引擎通过为刚性物体赋予真实的物理属性来计算运动、旋转和碰撞反映。在物理引擎的支持下，三维场景中的物体具有质量和重力，可以与其他物体发生碰撞、变形。在虚拟现实系统开发中，开发人员可以使用物理引擎与渲染引擎相结合的方法，这样不但可以缩短开发周期，而且可以产生良好的效果。随着虚拟现实技术的发展，物理引擎开始广泛应用于游戏、动画、电影、军事模拟等诸多领域。

5.5.1　物理模拟

1. 刚体模拟

在虚幻引擎中，静态网格体与骨骼网格体可模拟物体的物理特性。用户通过设置网格体细节面板中的"模拟物理"选项，可以开启或关闭其模拟物理的属性，如图5-52所示。一旦选择开启，该网格体的所有运动状态都交由物理世界控制，会受到重力、摩擦力、空气阻力等很多相关力的影响。例如，对于在场景中虚浮的球体，开启模拟物理后，它会自由下落，与地面发生碰撞后进行反弹。需要注意的是，对于网格体或蓝图类中的网格体组件，只有在移动性为"可移动"的情况下，模拟物理才能实现；在移动性为"静态"或"固定"的情况下，模拟物理的效果会被自动关闭。

图5-52　开启模拟物理

开启物理模拟的另一种方式是在蓝图中动态更改蓝图节点。如图5-53所示，用户可使用模拟物理节点，为网格体"Cube"添加物理效果。

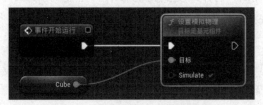

图5-53　在蓝图中开启模拟物理

2. 布料模拟

虚幻引擎采用了Chaos的布料解算器，它是一种底层布料解算器，负责实现布料的粒子模拟。由于用户能够直接访问模拟数据，布料解算器可实现轻量化集成，并极具扩展性。虚幻引擎中布料模拟的计算方式是基于模型的点线面来进行的，因此对模型具有一定要求，面数过低会影响布料的精细程度，面数过高又会影响引擎性能。

对于用于布料模拟的物体，需要将其作为骨骼网格体导入引擎。在骨骼网格体资产内部，用户先在网格体上单击鼠标右键，单击"从分段创建布料数据"，应用刚刚创建的数据；再单击"激活布料绘制"，选中布料数据后，用笔刷在网格体上绘制布料应用的权重，如图5-54所示。

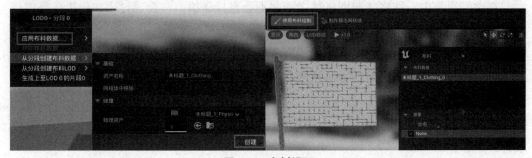

图5-54　布料设置

需要注意的是，布料模拟会受到骨骼网格体中物理资产碰撞的影响。如图5-55(a)所示，在布料模拟状态下，红旗模型受到物理资产中碰撞体的阻挡。在这种情况下，用户只需要删除或者调整胶囊碰撞体的位置，红旗模型就会进行正常模拟。如图5-55(c)所示，用户在物理资产中调整胶囊体位置后，红旗开始正常飘动。

(a)　　　　　　　　　　(b)　　　　　　　　　　(c)

图5-55　物理资产对布料的影响

3. 作用力

物体开启物理模拟后，物体即受到力的影响。在虚幻引擎中，力的作用可分为冲力(impulse)和推进力(force)两种方式。

(1) 冲力。冲力是瞬间力，冲力作用结束后直接施加给物体，修正物体在物理引擎中的运动表现。比如跑动的人撞到物体，施加的就是冲力。引擎直接将冲力作用在物体中心，给定一个向量描述力的方向和大小。冲力受到物体质量的影响，比如对质量大的物体施加较小的力后，物体不会发生位移。在蓝图中，用户可通过"添加冲量"节点为物体增加冲力。

(2) 推进力。推进力是单帧作用力，当前帧力效果施加后，如果下一帧不存在推进力，那么作用力就没有效果。因此推进力是持续的增加的力，随着时间的增加，作用力增大。比如用双手推物体，施加的就是推进力。推进力需要持续发力，在蓝图中一般需要持续调用逻辑节点才能获得效果，比如事件Tick。在蓝图中，用户可通过"添加作用力"节点来为场景增加推进力。

5.5.2　物理碰撞

1. 碰撞体

在虚幻引擎中，网格体与网格体之间并不会直接碰撞，需要通过添加碰撞体来实现碰撞模拟。碰撞体定义了物理碰撞对象的形状，它本身是不可见的，不需要与对象的网格体完全相同，使用近似网格体的粗略碰撞体通常更有效，在运行中难以察觉。碰撞体本身的作用就是提高碰撞的检测速度，用相对简单的包围盒把原本复杂的模型包围起来，进行碰撞检测。

虚幻引擎中的物理碰撞体分为两种，即静态网格体的碰撞体和骨骼网格体的物理资产。

(1) 静态网络体的碰撞体。静态网格体的碰撞体分为简单碰撞和复杂碰撞。简单碰撞是将立方体、球体、胶囊体等基础形体作为碰撞体包裹在模型外部，碰撞精度较低；复杂碰撞是给定对象的三角网格图，其精度与原网格体一致。虚幻引擎会默认创建简单碰撞和复杂碰撞两种形态，然后基于用户需要，物理解算器会使用相应形态来进行场景查询和碰撞检测。在静态网格体编辑器的细节面板中，用户可以在碰撞分类中找到碰撞复杂度设置。如图5-56所示，"简单与复杂"即创建简单和复杂的形状。简单形状用于常规场景查询和测试，复杂形状用于复杂场景查询。在此状态下，物体之间的碰撞交互使用的是简单碰撞，射线(比如枪射出子弹)使用的是复杂查询。用户选择"将简单碰撞用作复杂碰撞"，引擎将查询简单形态，无视三角网格图。该操作不需要三角网格图，有助于节约内存。如果碰撞几何体更简单，则可增强其性能。用户选择"将复杂碰撞用作简单碰撞"，引擎将查询复杂形态，无视简单碰撞。该设置可将三角网格图用作物理模拟碰撞。如果使用此项，则无法进行物理模拟。

图5-56 碰撞复杂度设置

(2) 骨骼网格体的物理资产。物理资产用于定义骨骼网格体使用的物理碰撞。物理资产包含一组刚体和约束，其中刚体可以是胶囊体、盒体、球体等多种形态。对骨骼网格体进行物理模拟，实际就是对这些刚体形态进行模拟，它们可以用于任何网格体和被约束物体的物理模拟。用户可以为任何骨骼网格体设置物理资产，例如人形角色和车辆载具。

2. 碰撞预设

碰撞预设用于快速设置场景中物体与物体之间的碰撞关系，用户可以使用碰撞预设解决场景中大部分与碰撞相关的问题。如图5-57所示，在碰撞预设面板中，用户可以调整物体之间的碰撞关系，包括当前预设的对象类型、碰撞方式、响应方式、踪迹类型以及不同类型间的碰撞方式。

图5-57 碰撞预设面板

在"碰撞已启用"选项中，"无碰撞"表示在物理引擎中此形体将不具有任何表示，不可用于空间查询或模拟(刚体、约束)。此设置不需要检测物体对象碰撞，因此可以提供最佳性能，尤其是对于移动对象。"纯查询"表示此形体仅可用于空间查询(光线投射和重叠)，不可用于模拟。对于角色运动的角色和不需要物理模拟的对象，此项操作非常有用。"纯物理"表示形体仅可用于物理模拟，不可用于空间查询，适合用于角色上不需要按骨骼进行检测的模拟次级运动。"已启用碰撞"表示此形体可用于空间查询，并能进行物理模拟。

"对象类型"分为WorldStatic、WorldDynamic、Pawn、PhysicsBody、载具、可破坏。其中WorldStatic表示场景中不可移动的任意物体；WorldDynamic表示受到动画或蓝图代码控制的移动物体；Pawn表示在运行中可以被用户控制的物体，例如人物角色；PhysicsBody表示被物理模拟的运动物体；载具表示专门的载具类型，例如车辆；"可破坏"表示可破坏物网格体的默认类型。

"碰撞响应"定义了该物理形体与其他对象类型交互的方式，分为忽略、重叠、阻挡三种方式。"忽略"表示无论另一个物理形体的"碰撞响应"是什么，此物体都将忽略交互；"重叠"表示物体间没有物理碰撞，但会产生重叠事件；"阻挡"表示物体间将发生撞击事件。

检测响应用于追踪(光线投射)，例如蓝图节点按通道进行线迹追踪。其中"可视性"表示可视性检测通道，"摄像机"表示摄像机到某个对象的追踪通道。

物体响应定义了WorldStatic、WorldDynamic、Pawn等各对象类型与其他对象类型在交互时，此物理形体做出的忽略、重叠或阻挡的反应。

5.5.3　物理材质

物理材质用于定义物理对象在与世界场景动态交互时的响应。当碰撞体相互作用时，它们的表面需要模拟其所应代表的材质的物理特性，例如摩擦力、弹性、密度、发出的声音等。又如在虚拟现实游戏中，玩家行走在不同材质的地面上，发出不同的脚步声；枪射击到不同类型的物体，产生不同的爆炸特效，发出不同的响声等。

首先，创建物理材质，用户在工程设置中添加物理表面类型(编辑—项目设置—物理—物理表面类型)。如图5-58所示，在名称中，用户可将表面类型改为需要描述的物理材质的命名，例如金属、混凝土、水面等。

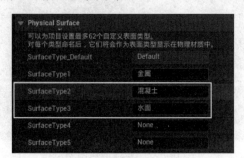

图5-58　添加物理表面类型

其次，用户打开内容浏览器，单击"添加/导入—物理—物理材质"，创建新的物理材质，再选择要创建物理材质的物体，双击普通材质，如图5-59所示，在"物理材质"选项中添加刚刚创建的物理材质。

图5-59　指定物理材质

除了可以给普通材质和材质实例指定物理材质外，用户还可以为静态网格体与骨骼网格体指定物理材质。在静态网格体细节面板的碰撞属性中，用户可通过"物理材质重载"指定物理材质；对于骨骼网格体，用户可通过物理资产的"物理材质重载"指定物理材质。

在蓝图中，角色可以通过射线检测的方式与物体产生交互，并在命中结果的结构体中找到命中物体的物理材质，从而获取表面类型，如图5-60所示。

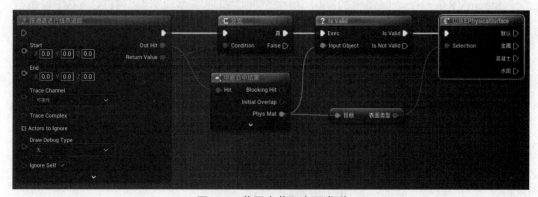

图5-60　蓝图中获取表面类型

练习题

1. 虚幻引擎中的类、Actor、Pawn和角色的定义是什么？

2. 关卡蓝图与蓝图类在使用中有哪些区别？

3. 蓝图通信都有哪些方式？

4. 在引用变量时，如何将蓝图类中的变量对外部公开？

5. 虚幻引擎的光照系统包括哪些类型？天空光照的作用是什么？

第6章　基于虚幻引擎的VR开发基础

虚幻引擎提供了完善的虚拟现实开发框架，便于用户通过虚幻引擎创建VR应用。其中包括各类相关VR设备的插件，例如HTC VIVE、Oculus、GoogleVR。引擎还内置了VR模板，可帮助用户快捷地实现一些简单的交互功能。本章将结合HTC VIVE设备与SteamVR插件，详细介绍如何在虚幻引擎中实现VR应用中的基本移动功能、拾取与拖拽功能、更换物体材质功能与3D绘画功能。

6.1　VR项目设置

6.1.1　SteamVR平台

SteamVR是一个功能完整的360°房型空间虚拟现实体验平台。HTC VIVE设备与SteamVR平台连接后，通过传感器将用户所在的实体空间转换为3D空间。在这个3D空间中，用户可以自然走动，通过使用手柄控制器来操纵虚拟空间的物体，以此产生沉浸式的互动与交流体验。

用户在使用HTC VIVE硬件设备之前，需要通过Steam官方网站下载并安装SteamVR平台。SteamVR平台作为HTC VIVE硬件设备与其他应用软件(例如虚幻引擎)连接的媒介工具，需要始终保持运行状态。

在HTC VIVE头戴式显示器、运动控制器、传感器与基站连接之后，SteamVR工具窗口显示为"就绪"状态，如图6-1所示。

图6-1　SteamVR就绪状态

为了让SteamVR可以与虚幻引擎同时运行，用户必须先设置SteamVR交互区域。用户可用鼠标右击SteamVR工具窗口，选择房间设置(Run Room Setup)，并按照屏幕上的指示设置SteamVR交互区域。如图 6-2 所示，SteamVR为用户提供两种模式体验VR项目，一种是"房间规模"，另一种是"仅站立"，用户可根据自己的行动空间来选择使用哪种模式进入。

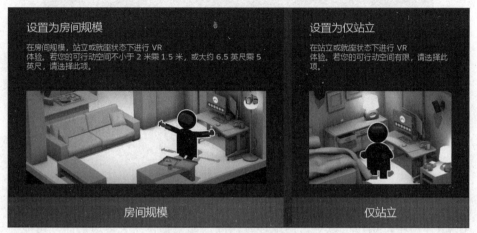

图6-2 SteamVR运行环境设置

Steam设置还包括一些其他设置，在设置项和开发者项里，用户可以设置显示清晰度；打开前置摄像头，可看到真实场景和虚拟场景的结合效果；此外，还有红外定位器的相关设置。

在建立地面定位与空间校准之后，当所有设备状态显示为绿色时，即可正常运行。

6.1.2 虚幻引擎项目设置

在虚幻引擎中，用户需要在"设置"—"插件"中勾选SteamVR插件以及相对应设备的VR插件，并选择重启引擎，使引擎与硬件设备连接，如图6-3所示。

图6-3 加载SteamVR插件

为了在VR平台上保障最佳的用户体验，确保VR场景中物体比例尽可能接近现实是非常重要的。物体过大或过小可能会使用户感觉不适，甚至可能引发用户晕眩。在VR中，物体距离玩家摄像机0.75～3.5米时观看效果最佳。在虚幻引擎中，1个虚幻度量单位等于现实中的1厘米，这意味着在虚幻引擎VR模式下放置物体时，物体距离玩家摄像机75～350虚幻单位为效果最佳的观看位置。

虚幻引擎中的VR摄像机的设置取决于VR体验的方式。当项目设定为坐式体验时，用户需要手动抬高角色站立时的摄像机原点，并将视线水平设置为Pawn碰撞胶囊体高度负值的一半；当项目设定为站式体验时，用户应确保摄像机原点设置为0，相当于摆放在地面上的Pawn根部，并在Pawn底部的场景组件上附加一个摄像机组件，使其位于地面水平位置，如图6-4所示。

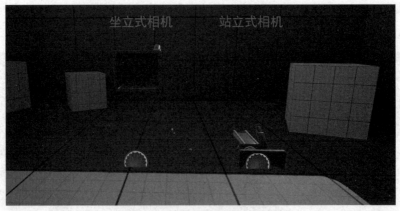

图6-4　坐立式相机与站立式相机

在非沉浸式体验中，用户在物体上无法看到的多边形面(如背面)通常会被移除。然而，在VR体验中，用户可以更自由地环顾四周，如果物体缺失多边形面，可能会导致用户看到不该看到的部分。此外，透明效果每帧画面都需要重新计算，以检查物体是否有所变化，因此VR项目中渲染物体透明效果的性能开销非常大。用户可以通过使用DitherTemporalAA材质函数的办法，让物体材质看似使用了透明效果，还能避免自排序等常见的透明度问题。

6.1.3　虚幻引擎VR模板

用户在创建针对特定VR平台的新项目时，可在项目类别中选择"虚拟现实"模板，如图6-5所示。该模板为用户提供了在虚幻引擎中开发虚拟现实项目所需要的初始内容，旨在作为虚幻引擎中所有虚拟现实项目的起点，可用于面向台式电脑、主机端及移动端VR设备的开发项目，并且默认实现玩家传送、旋转、物体拾取与交互以及VR观察视角等功能。

图6-5　"虚拟现实"项目模板

　　VR模板中的按键输入基于虚幻引擎中的操作和轴映射输入系统，如图6-6所示，用户可以根据项目需求自定义输入按键。

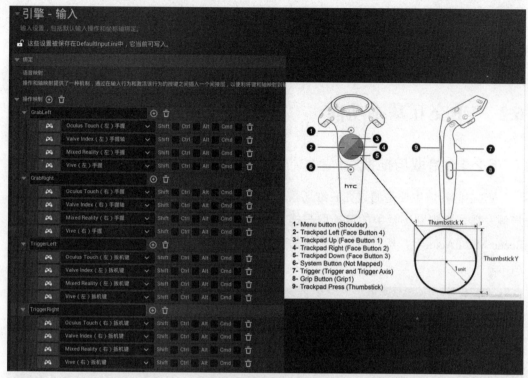

图6-6　引擎输入设置

　　在一般的第一人称游戏中，玩家的移动通过方向按键来驱动；而在VR体验中，用户戴上VR设备后，游戏操作基本上限定在一定范围内，如果采用按键直接驱动，视觉的移动和肢体不同步，用户会产生明显的眩晕感，因此在VR体验中更多使用的是传送的方式。市面上有很多VR游戏提供摆动手柄移动、跑步机真实移动等方式，用户靠摆动身体来控制前进方向等。在虚幻引擎的VR模板中有两种移动方式，即传送和快速转动。在蓝图编辑器中，用户打开VRPawn可查看两者的实现方式。

　　用户选择"传送"模式时，将右侧运动控制器的拇指杆或触控板朝自己想要移动的方向移动，传送可视化工具会在关卡中显示用户将要移动到的位置。在选定位置后，用户松开拇指按压的按键或触控板，即可传送到选中的位置。

　　在"快速转动"模式下，用户想在不移动头部的情况下旋转角色，可沿转动的方向移动左侧运动控制器拇指杆或触控板。

　　抓取物体是VR交互中的常用方式。虚幻引擎VR模板自带抓取物体的功能，并且提供多种不同的抓取方式。

　　在自由抓取模式下，当用户要抓取场景中的对象时，可按压控制器上的Grip(紧握)按钮，在运动控制器的位置周围创建球体追踪，以此将对象附着于按压的控制器上。

　　在对齐模式下，Actor具有相对于运动控制器的特定位置和方向。例如当用户拾取手枪后，手枪会附着在用户手部特定的位置。

在自定义模式下，用户可以使用"On Grabbed"和"On Dropped"事件为抓取操作添加自己的逻辑；还可以利用其他公开的变量，例如以布尔变量作为标记，来指定对象当前是否由用户持有。用户可以创建其他类型的自定义抓取动作，包括双手抓取、转盘、控制杆和其他复杂行为。

6.2 VR交互基本功能

6.2.1 拾取与拖拽

VR中的拾取主要是通过在三维场景中的手模型(Hand Mesh)上添加的球体追踪或球形触发器，来识别场景中的可拾取与拖拽类(可以制作一个场景中可交互的主类"BP_Scene Main Actor"，然后添加一个枚举变量进行分类)，再运用接口进行调用，如图6-7所示。

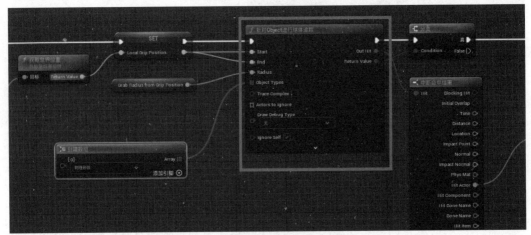

图6-7　球体追踪节点

1. 创建拾取接口

在内容浏览器中新建一个接口，命名为"Event_Pickup"，接口内不需要添加任何操作，如图6-8所示。

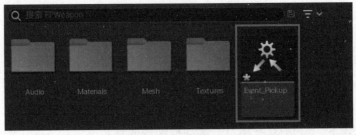

图6-8　创建接口

2. 实现接口

在内容浏览器中新建"Static Mesh Actor"(静态网格体)类，并为其添加网格体(被拾取物体的模型)。打开该蓝图类，在"类设置"的接口面板中，单击"添加"，选择刚才创建的蓝图接口"Event_Pickup"并将其添加进来，如图6-9所示。至此，所有实现Event_Pickup接口的类均可被拾取。

图6-9 实现接口

3. 定义拾取

(1) 打开"Character"(角色)类，先创建两个布尔变量"LGrip Pressed"和"RGrip Pressed"，再添加手柄抓取按键(手柄侧面按钮)事件，如图6-10所示。

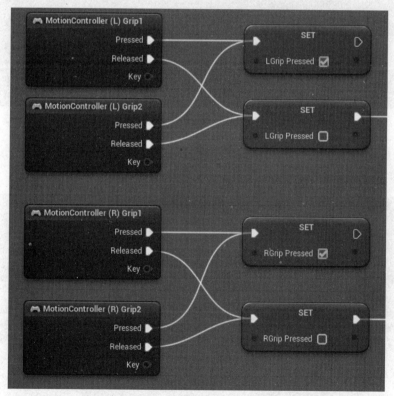

图6-10 创建输入事件

(2) 添加手柄碰撞事件，判断所碰撞物体是否实现"Pickup"接口。若是将该物体附加到手柄上，手柄的静态网格体必须先定义插槽用于指定附加的位置，如图6-11所示。

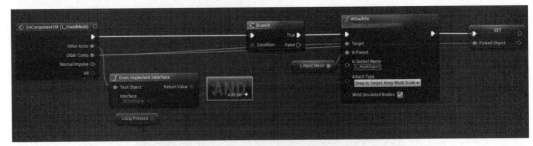

图6-11　添加"Attach To"(附加至)节点

(3) 在可拾取物品类里添加节点"Attach To Component"(附加组件)，同时关闭物体的"模拟物理"属性，如图6-12所示。

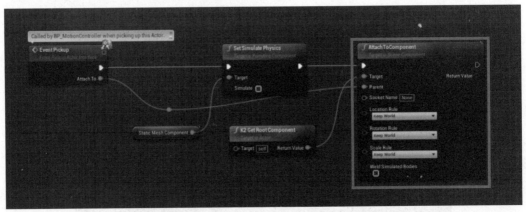

图6-12　添加"Attach To Component"(附加组件)节点

(4) 当用户需要扔出手中物体时，可通过释放按键打开被关闭的"模拟物理"属性，再连接至"Detach From Actor"(与Actor分开)节点，如图6-13所示。

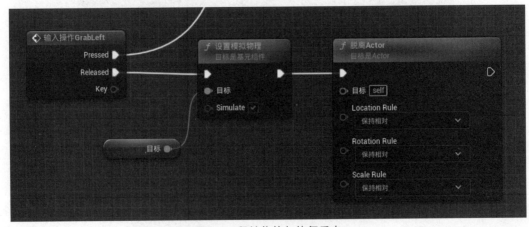

图6-13　释放物体与恢复重力

拖拽的实现方式与"拾取"类似，但拖拽物体时，一般Z轴不能移动，只能进行旋转操作(如开关门)，或对手中物体的X轴与Y轴位置进行角度计算。需要注意的是，由于虚拟场景不能和真实场景一样，手只能被动地根据门的轴进行移动，开门的效果很难完美模拟。

6.2.2　VR测量功能

在虚拟仿真应用中，测量功能可以测量虚拟物体的尺寸以及不同物体之间的距离等信息。用户通过手柄按下扳机发射射线，命中物体后记录第一个点位，然后换一个点位再按下一次扳机，此时场景中会显示虚拟物体两点间的水平距离、地面高度以及位置信息。

1. 设置单位

在内容浏览器中创建"蓝图"—"枚举"，并命名为"EUnit Type"，同时设置"cm""m""km"等长度单位，如图6-14所示。

图6-14　创建枚举

2. 创建文字材质

在创建蓝图之前，用户需要为其文本读出组件制作一个新材质。此材质是虚幻引擎默认使用的文本渲染材质的近似副本，但可以对其进行修改以使其始终面向相机。在内容浏览器的视图选项中有一个标记为"显示引擎内容"的复选框，启用该功能后，运行对"Default Text Material Opaque"材质(系统默认材质)的搜索，然后对此材质进行复制，将其命名为合理的名称。

用户打开此材质，对其进行修改。首先，将"Vertex Color"输出连接到自发光颜色，这样即使在弱光条件下也能看到文本。其次，创建一个"Align Mesh To The Camera"函数和两个Vector3值。此功能将改变文字应用的网格的顶点，使其始终面向相机。默认设置使它以错误的角度呈现网格，因此需要稍微调整一下角度。最后，将向量插入Custom Object Basis 2和3(1可以保持默认)，并将它们分别设置为 (1，0，0)和(0，-1，0)。这样做是为了切换Y轴和Z轴，以更改对齐的旋转，便于用户正确阅读文本，如图6-15所示。

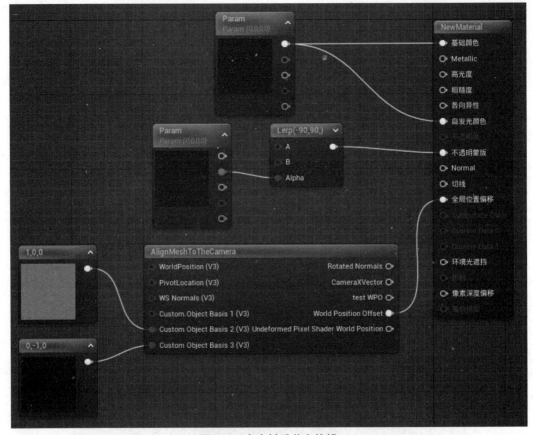

图6-15　文本材质节点编辑

3. 创建蓝图

新建Actor蓝图类并打开，为其添加"Spline"(样条线)、"Text Render"(文字渲染)、"Billboard"(公告板)三个组件。其中，"Spline"组件的长度是工具将测量的长度，用于制作函数来定义它的开始和结束位置；"Text Render"组件用于向用户展示样条线所输出的数值；"Billboard"作为展示面板，有助于用户从背景中挑选出测量工具。在添加组件后，单击"Billboard"并将其拖动到层次结构的顶部，使其成为Actor的父级组件。蓝图组件布局如图6-16所示。

图6-16　蓝图组件布局

用户添加组件后，选择"Spline"组件，在其细节设置中勾选"将样条点输入到构造脚本"。该选项会将样条点数据公开至构造脚本，以此工具才能在编辑器中实时更新数据，如图6-17所示。

图6-17　样条设置

在蓝图变量中创建一个新的EUnit Type变量，将其命名为"Unit Type"。这是在蓝图编辑器之外使用的变量之一，单击眼睛图标将其公开，即可在外部调用此变量，如图6-18所示。

图6-18　创建EUnit Type变量

4. 样条线控制

为了实现单击一次即可设置所有切线，用户需要在蓝图中添加三个新函数。

第一个函数是"Set Tangents"，它将简单地遍历所有样条的切线，并将它们设置为指定的向量输入，如图6-19所示。

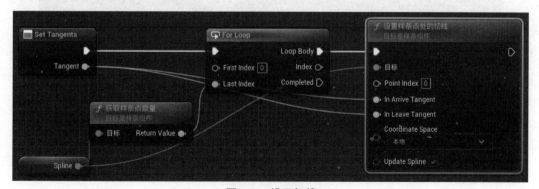

图6-19　设置切线

第二个函数与第三个函数非常相似，可以分别称它们为"Zero Out Tangents"和"Reset Tangents"。每个函数都将使用不同的输入触发Set Tangents——前者将所有切线设置为(0，0，0)(无曲率)，后者将所有切线设置为样条线的默认值(0，0，100)，如

图6-20所示。

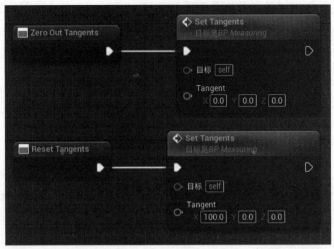

图6-20 设置样条线

为测量工具添加的最后一个功能是将样条线的末端对齐到Actor的位置。为此，需要将Config部分中的最后一个变量，即对参与者的引用，命名为AnchorActor。这是针对每个实例进行调整的另一项，因此将其设置为可公开编辑。创建一个名为"Snap to Actor"的新函数，并将其添加到构造脚本和Event Tick中，确保它在文本更新功能之前触发，否则读数将会过时，如图6-21所示。

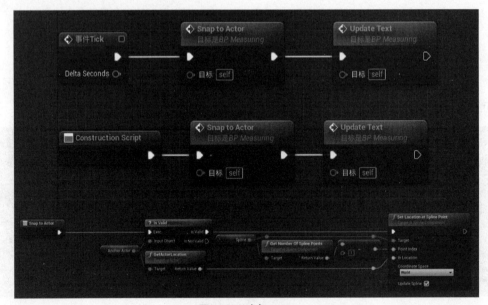

图6-21 对齐Actor

6.2.3 VR更换材质功能

与拾取功能类似，在VR应用中，用户也可通过扳机更改一个物体的颜色或材质，原理是先从玩家摄像机位置处发出射线进行检测，当射线命中目标后，获取该物体材质参数并进行修改。

1. 更换材质颜色

(1) 用户创建Actor蓝图类"New Blueprint"与新材质"New Material"。在Actor蓝图组件中添加静态网格体，并在"细节"中分别指定静态网格体为Cube(盒体)，材质为New Material。

(2) 在"Construction Script"中创建动态材质实例，将动态材质赋值给"Static Mesh"(静态网格体)，并获取其材质连接至"Source Material"，再将创建的动态材质实例提升为变量，方便后面调取，如图6-22所示。

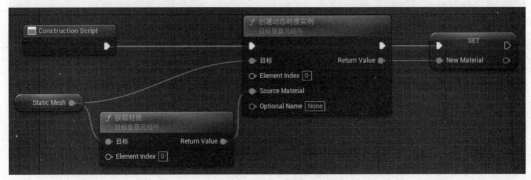

图6-22　创建动态材质实例

(3) 打开材质"New Material"编辑器，创建"Constant4 Vector"(颜色节点)，并设置任意颜色，右键单击，将其转换为参数。然后在左侧通用设置中，修改其参数名为"Base Color"，如图6-23所示。

图6-23　创建默认材质

(4) 打开VRPawn蓝图，创建射线检测节点，将命中结果的Hit Actor类型转换为"New Blueprint"。然后调用"New Blueprint"蓝图中存储的变量"New Material"，并连接"设置向量参数值"节点，如图6-24所示。在"设置向量参数值"节点中，将之前命名的参数名"Base Color"正确填入"Parameter Name"空白处，以此读取该参数名下的参数值。将"创建Linear Color"连接至"Value"，并在R、G、B每个通道中连接"范围内随机浮点"，设置其最小值为0，最大值为1，Alpha值为1。通过此设置，检测线条每次命中物体后，"Base Color"参数中的R、G、B三个通道数值都会在0~1之间随机选择。

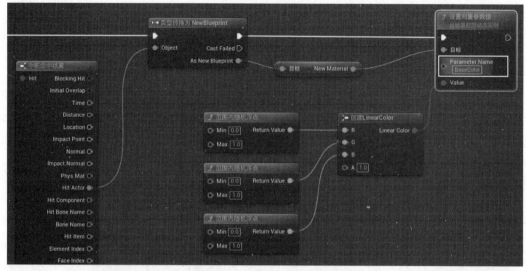

图6-24　设置向量参数值

完成以上步骤之后，用户使用VR手柄对准物体按下扳机，即可实现随机改变颜色的功能。

2. 更换贴图

更换贴图的方法与更换材质颜色一致，用户都需要修改蓝图节点的参数值。

(1) 修改"New Material"材质中的内容，删除之前的颜色节点，新建贴图节点，并将贴图节点参数化，命名为"Texture"，为其赋予任意贴图，后连接至材质的基础颜色节点上，如图6-25所示。

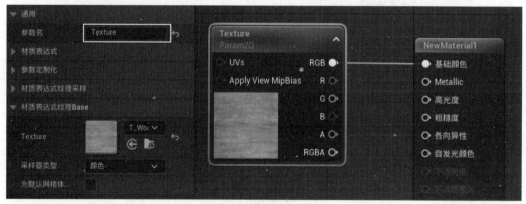

图6-25　修改材质

(2) 打开VRPawn蓝图，如图6-25所示，将"设置向量参数值"节点更改为"设置纹理参数值"节点，并在参数名中输入之前的命名"Texture"；将"Value"与随机节点连接，添加多个引脚，在其中载入不同的贴图。

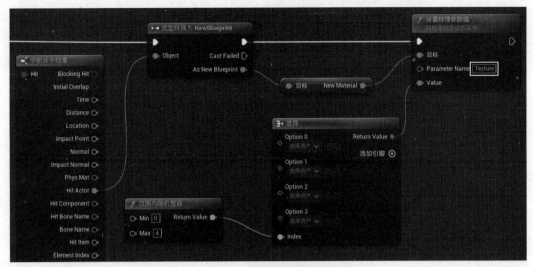

图6-25 设置纹理参数值

完成以上步骤后，当物体每次被命中后，都将随机更换提前设置好的贴图。

练习题

1. 在虚幻引擎的VR模式中，玩家有哪几种移动类型？

2. 试述在虚幻引擎中如何实现VR抓取功能。

3. 在蓝图中，射线检测节点的作用是什么？

第7章 基于虚幻引擎的汽车可视化交互技术详解

汽车在现代人类的生产生活中扮演了非常重要的角色，而在过去几十年的飞速发展过程中，相关的3D技术对汽车行业产生了巨大的影响。时至今日，虚幻引擎(UE)作为全球最开放、最先进的实时3D创作平台，其技术被汽车行业广泛应用在设计与工程验证、内外饰效果与人机交互(human-machine interaction，HMI)、市场推广与终端销售、模拟培训与自动驾驶等方面(见图7-1)。不难看出，如今在汽车行业中，几乎每个重要环节的设计研发或制造的过程都和虚幻引擎紧密地联系在一起。

每项技术发展到一定阶段都需要一个实质性突破，以此来迎接新环境下的挑战和满足日益增长的行业需求。3D技术在汽车行业面临的最大挑战是如何打破以往非实时操作环境的限制，尽可能地提高人的效率，让行业技术团队本身更专注于核心的设计与创作本身。虚幻引擎的实时技术之所以能够被引入到设计阶段来优化和提高现有的可视化效果，一个重要因素就是虚幻引擎在实时环境下的高保真度，可以让行业技术团队即使是在频繁的设计迭代过程中也可以创作出高质量的实时效果和体验。如今，无论是享誉全球的知名汽车制造商，还是业内的小规模团队甚至个人，都可以依靠虚幻引擎这个实时创作平台创作出大量令人惊讶的案例和作品，虚幻引擎在赢得从业人员一致赞美的同时，也建立了实时引擎在汽车行业的标杆形象和口碑。

图7-1 虚幻引擎与汽车可视化交互技术

本章将在虚幻引擎中完整创建一个虚拟汽车交互系统，可用于汽车的内外饰效果展示、在线推广与终端销售。

虚幻引擎在4.23版本之后，加入了专门用于汽车、工业设计的通用模板，可方便用户快速高效地开启项目，如图7-2所示。针对不同类型的模板，虚幻引擎会有相应的资源提供给用户，用户可以直接使用。需要说明的是，模板只是为了方便用户创作，加快制作流程，用户在创建好现有模板的情况下，还可以在工程目录中导入其他模板。

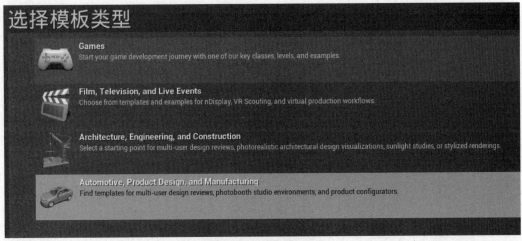

图7-2 汽车产品类模板

7.1 数据导入与Datasmith

作为实时引擎，虚幻引擎中使用的所有资源都是由其他外部软件创建后再导入的，因此用户常需要借助一些文件格式和插件，例如FBX、OBJ以及Datasmith插件。

虚幻引擎对大量行业专用CAD数据具有良好的兼容性。Epic的开发团队很早就意识到工业、汽车和其他各垂直领域的数据复杂性和行业深度，为了保证虚幻引擎从游戏行业顺利进入工业设计领域，Epic团队设计和开发了Datasmith作为通用型CAD数据的导入接口和数据转换处理工具，提供给所有的行业用户在虚幻引擎内免费使用。Datasmith设计用于解决非游戏行业人士所面临的独特挑战，例如建筑、工程、建造、制造、实时培训等行业人士，他们需要使用虚幻引擎进行实时渲染和可视化。Datasmith主要用于将设计内容转换为虚幻引擎能够理解并实时渲染的形式。从更长远的角度来看，Datasmith的目的是增加更加智能的数据准备功能，调整导入的内容，以便在游戏引擎运行时实现最佳性能，并增加更加智能的行为。

1. Datasmith的特性

(1) Datasmith可将整个预先构造好的场景和复杂的组合导入到虚幻引擎中，无论这些场景有多大、多密集，Datasmith都能够以厘米为单位一比一还原场景。按照传统做法，普通插件必须解构场景和组合件，形成独立的数据块，将每个数据块通过FBX文件单独传递到游戏引擎中，然后在虚幻引擎编辑器中重新组合场景；但Datasmith不会这样，它会将设计人员在其他设计工具中为了其他目的而构建的资源和布局直接复用在虚幻引擎中。

(2) Datasmith支持大多数3D设计应用程序和文件格式。Datasmith已经能够适用于许多不同的来源，包括Autodesk 3Ds Max、Cinema 4D、Trimble Sketchup等三维设计软件以及这些软件的各种版本。

2. Datasmith工作流程

(1) Datasmith能够读取许多常见CAD应用程序的原生文件格式。对于某些应用程序，包括3Ds Max和Sketchup，需要在软件内部安装单独的插件，然后使用该插件导出具有".udatasmith"扩展名的文件。

(2) 在虚幻引擎编辑器中，使用Datasmith导入工具将保存或导出的文件导入到当前虚幻引擎项目中。用户可以控制导入的数据，并设置一个新参数来控制转换流程，如图7-3所示。

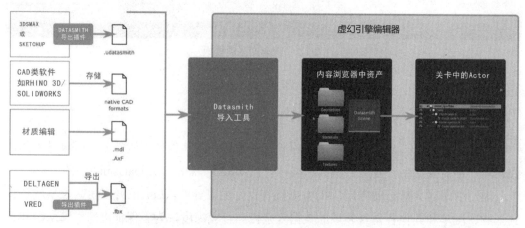

图7-3　Datasmith工作流程

在虚幻引擎中，Datasmith会避免将源场景中的所有内容构建为一个网格体。过大且复杂的网格体通常难以流畅地进行照明和渲染，效果往往也不佳，并且无法在虚幻引擎中单独处理场景的各个部分。因此，Datasmith会创建一组单独的静态网格体资源，每个代表场景的一个构建块，即一个独立的静态网格体可以放置到关卡中并在引擎中渲染。在将场景划分为静态网格体时，Datasmith会尽量保持用户在原始3D软件中已经设置好的对象组织结构。如图7-4所示，Datasmith将所有静态网格体资源放入Geometries的文件夹中。

图7-4　Datasmith导入文件夹

7.2　汽车蓝图类的创建

本节将通过创建蓝图类的方式，将汽车各部件的网格体置入汽车蓝图组件中，并在事件图表中编写蓝图节点。

1. 资源整理

用户通过Datasmith或FBX格式将资源导入内容浏览器后，创建子集文件夹并命名。导入后的资源既包括三维模型，又包括用户在原始建模软件中创建过的材质，有时候还会有链接过的贴图文件，因此需要创建文件夹归类外部素材，以便于资源管理。

2. 创建Actor蓝图类

单击蓝图菜单，新建Actor蓝图类，如图7-5所示，并命名为"Vehicle_BP"。

图7-5　创建Actor

3. 添加网格体组件

在内容浏览器中选择所有汽车模型的网格体部件，单击鼠标左键将其拖拽至"Vehicle_BP"的组件中，如图7-6所示。至此，汽车蓝图的模型就全部载入蓝图内部。

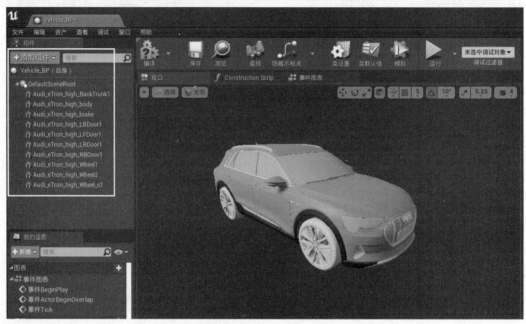

图7-6　加载网格体组件

4. 添加汽车材质

虚幻引擎官方免费提供的汽车材质包包含从车漆到轮胎、挡风玻璃以及车辆内外部饰品的材质，可以满足一般汽车材质的基本需求。用户只需要通过虚幻商城将材质包下载至工程目录，经过简单调整即可直接用于项目中，如图7-7所示。

图7-7　虚幻商城汽车材质包

对车辆各部分的材质经过筛选后，用户就可以直接将这些材质加载至车辆蓝图中。打开"Vehicle_BP"，分别选择各静态网格体组件，再在"细节"的材质面板中，为各元素部分选择对应的材质球，如图7-8所示。需要注意的是，静态网格体材质中的各元素的分配，是由原始三维建模软件完成的。

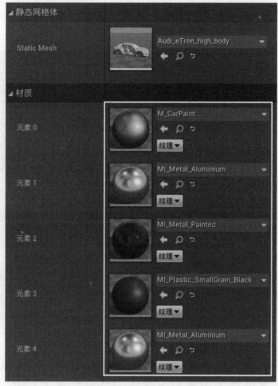

图7-8 添加网格体材质

5. 创建控制器

用户可以通过添加第一人称或第三人称模板创建添加用户角色，也可以直接创建可被控制的Actor类。本案例将通过添加Pawn类来创建用户角色。

如图7-9所示，新建蓝图类，选择Pawn类。Pawn是一种可以被用户控制的蓝图类组件，可以将它作为用户的控制器，在Pawn内部创建摄像机，接收用户的移动、选择、缩放视角等操作指令。

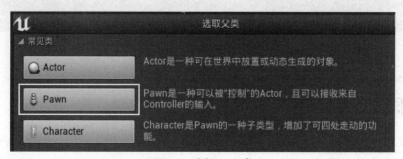

图7-9 选择Pawn类

（1）进入创建的Pawn，在组件内添加摄像机与弹簧臂，使其能够变换多个视角。在Pawn蓝图的事件图表中，先添加鼠标的控制。单击鼠标右键，依次输入"Turn"和"Look Up"，获取轴向输入节点，然后增加"Yaw"与"Pitch"两个控制器输入节点，如图7-10所示。

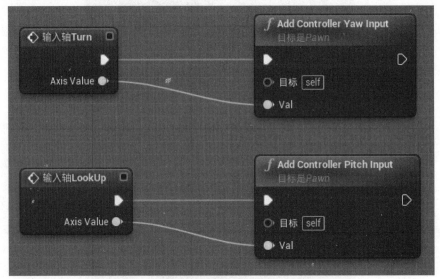

图7-10　添加轴向输入节点

（2）增加鼠标滚轮的控制，使用户能滑动滚轮控制摄像机视角的推拉缩放。如图7-11所示，用户在事件图表中添加"鼠标滚轮轴"节点，并添加弹簧臂的引用，获取其长度，通过获得的鼠标滚轮值，重新设置弹簧臂长度。其中，用户可用"Clamp(float)"节点限制弹簧臂的最小值与最大值。

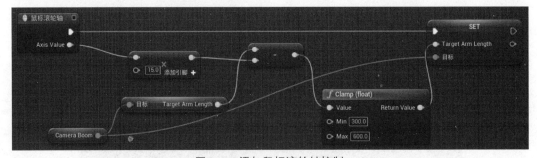

图7-11　添加鼠标滚轮轴控制

7.3　添加交互功能

汽车的交互功能在汽车蓝图内部进行编写，主要包括开关车门、更换部件、开关车灯、用户视角切换等功能。

1. 开关车门

（1）打开"Vehicle_BP"，在组件列表中选择车门的静态网格体，为其添加"On Clicked"(点击事件)，如图7-12所示。

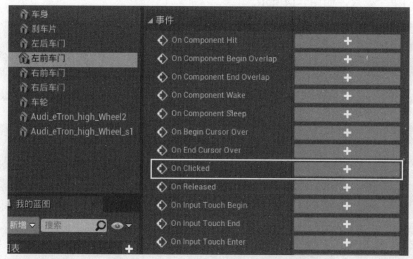

图7-12 添加"On Clicked"(点击事件)

（2）在事件图表中，为其添加"Enable Input"节点，使其能够接受控制器输入；接入"Flip Flop"节点，使后续节点能够交替执行；加入"时间轴"节点，使其能够进行动画控制；最后添加设置相对旋转节点，并将车门的引用连接至"目标"，如图7-13所示。

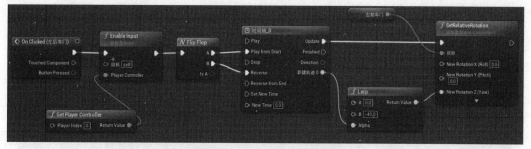

图7-13 开关车门的节点连接

（3）节点连接完成后，单击"编译"，再"运行"场景。用户可尝试用鼠标左键单击场景中的车门，车门可实现开关效果。

2. 更换部件

Variant Manager(变体管理器)是虚幻引擎编辑器中的特殊UI面板，可用于设置关卡中Actor的多个不同配置。它的出现可以让用户在没有掌握蓝图可视化编程的前提下，也可以简洁高效地制作出设计阶段所需的各种效果，比如变换颜色、变更零件、表现产品设计的动态效果，帮助设计师完美表达产品的设计理念。用户要使用变体管理器，需要启用项目的编辑器(Editor)—变体管理器(Variant Manager)插件。若使用建筑、工程和施工或自动化、产品设计和制造类别中的模板，此插件可能已默认启用。

(1) 变换颜色。首先，在变体管理器左侧面板中，新建变体集，命名为“车漆颜色”，并为其添加三个子变体，命名为“红色”“蓝色”和“白色”。

其次，选中变体“车漆颜色”，在右侧“Properties”面板为其绑定Actor，将“Vehicle_BP”载入，如图7-14所示。

VariantManager
变体集
过滤变体
Variant Set 车漆颜色
Variant 红色
Variant 蓝色
Variant 白色
Properties
Actor
属性
Vehicle_BP
Vehicle_BP
Vehicle_BP
Dependencies
变体集
变体

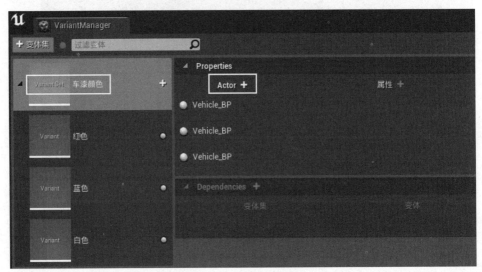

图7-14　变体管理器

再次，选择“红色”子变体，为其绑定的“Vehicle_BP”添加属性，分别为其添加车门材质对应的元素编号。

最后为其赋值，即选定预先载入场景的车漆材质(“red”)，如图7-15所示。

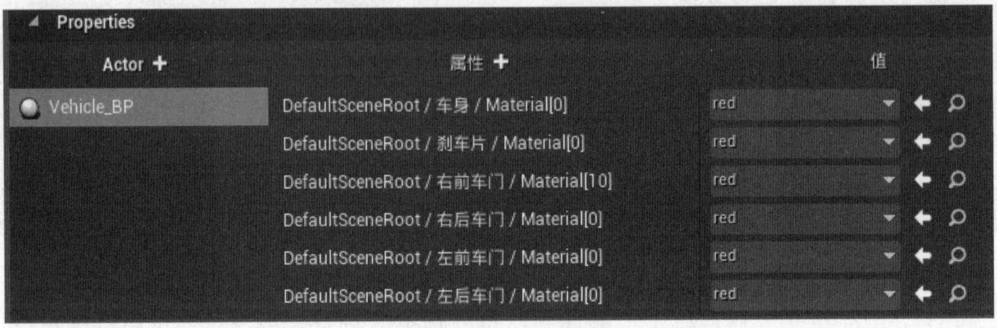

Properties
Actor
属性
值
Vehicle_BP
DefaultSceneRoot / 车身 / Material[0]
DefaultSceneRoot / 刹车片 / Material[0]
DefaultSceneRoot / 右前车门 / Material[10]
DefaultSceneRoot / 右后车门 / Material[0]
DefaultSceneRoot / 左前车门 / Material[0]
DefaultSceneRoot / 左后车门 / Material[0]
red
red
red
red
red
red

图7-15　载入车漆材质

完成上述步骤之后，在变体管理器中单击子变体“红色”，场景中的车辆会立即切换到相对应的材质。

(2) 更换轮胎。在变体管理器中，通过设置轮胎的可见性，可以更换不同款式的轮胎模型。

首先，将预先导入的轮胎模型全部载入“Vehicle_BP”的组件中。在变体管理器中新建变体集，命名为“轮胎”，并根据需要变换的数量为其添加子变体。

其次，在“Properties”面板为其绑定Actor，将“Vehicle_BP”载入，如图7-16所示。

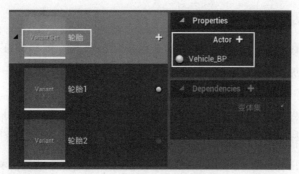

图7-16 创建"轮胎"变体

最后，为绑定的"Vehicle_BP"添加属性，分别添加"轮胎1"与"轮胎2"的可见性 (Visible)，勾选"轮胎1"，不勾选"轮胎2"，如图7-17所示。

图7-17 设置可见性

完成上述步骤之后，分别单击变体管理器中的子变体"轮胎1"与"轮胎2"，可以更换不同款式的轮胎。

3. 开关车灯

汽车开关车灯可以通过使用变体管理器切换灯光的可见性来进行控制。

首先，在"Vehicle_BP"蓝图的组件中添加2个聚光灯，并置于前车灯的位置，在聚光灯的"细节"中，设置强度值为5000，并关闭渲染可见。

其次，在变体管理器中创建新变体并命名为"车灯"，再创建2个子变体命名为"打开"与"关闭"，如图7-18所示。

最后，为绑定的"Vehicle_BP"添加属性，分别在子变体"打开"与"关闭"中添加聚光灯("车灯1"与"车灯2")的可见性 (Visible)，勾选"打开"的Visible，不勾选"关闭"的Visible。

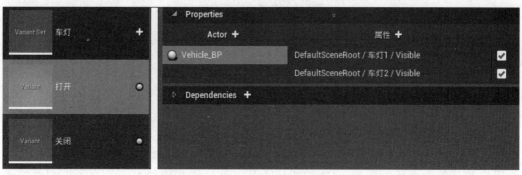

图7-18 设置"打开""关闭"子变体

3. 用户视角切换

如果用户想要在车辆内外部进行控制并自由切换视角，就需要在内部新建玩家控制器，并在蓝图中添加视角切换的功能。

(1) 创建车内控制器。新建Pawn蓝图类，并放置于汽车内部中心位置。与车外的控制器一样，为其组件内添加摄像机与弹簧臂，使其能够自由变换视角。在事件图表中，添加鼠标左键的旋转视角与鼠标滚轮的缩放视角。

(2) 控制权的切换。用户控制权的切换，可使用户视角在车辆外部和内部自由变换。用户单击UI菜单按键，第一次执行时，摄像机需要从外部控制器切换至内部控制器，再次执行时，还需要重新切换至外部。

首先，打开关卡蓝图，在事件图表中创建自定义事件"Switch Camera"，连接至"Flip Flop"节点。

其次，创建"Set View Target with Blend"(设置目标视角混合)节点，使内外控制器能够产生过渡，并设置"Blend Time"(混合时间)为1.5秒。

最后，添加"Delay"(延迟)节点，使其延迟1.5秒后，通过"Possess"(控制)节点获取新的控制权，如图7-19所示。

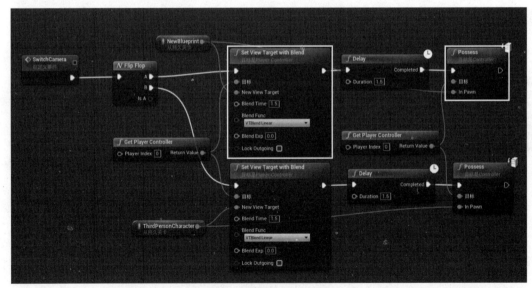

图7-19　设置控制权切换

用户切换控制权创建自定义事件后，可在后续的UI菜单中单击事件对其进行调用。

7.4　用户界面的创建

虚幻图形界面设计器(unreal motion graphics UI designer，UMG)是一个可视化的UI创作工具，可以用来创建UI界面设计元素(user interface design)，例如菜单或希望呈现给用户的其他界面相关图形。UMG的核心是控件，这些控件是一系列预先制作的函数，可用于构建界面(例如按钮、复选框、滑块、进度条等)。这些控件在专门的控件蓝图中编辑，该蓝图使用"Designer"(设计器)选项卡和"Graph"(图表)选项卡进行构造。"Designer"选项卡允许界面和基本函数的可视化布局，而"Graph"选项卡提供所使用控件背后的功能。在本案例中将为交互事件创建按钮及图形界面菜单。

(1) 单击"Content Browser"(内容浏览器)中的"Add New"(新增)按钮，然后在"User Interface"(用户界面)下选择"Widget Blueprint"(控件蓝图)并将其命名为"HUD"，如图7-20所示。采用同样方式，创建控件蓝图并命名为"颜色选择"。

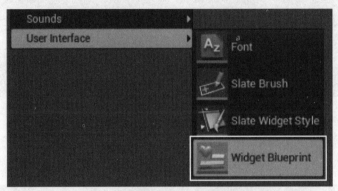

图7-20　创建用户界面

将创建的所有用户界面元素(HUD、菜单等)放置在控件蓝图中。控件蓝图允许用户以可视化方式对UI元素进行布局，并为这些元素提供脚本化功能。

(2) 打开创建好的"HUD"，在控制面板中，创建"Button"(按键)，并将其置于视图的合适位置，为按键命名为"颜色"。在事件图表中，输入"事件Construct"节点，依次连接"创建控件""添加到视口"，如图7-21所示。

图7-21　构建事件

(3) 在细节面板的"外观"中，对"Image"(图像)进行替换，载入预先导入的颜色图标，如图7-22所示。

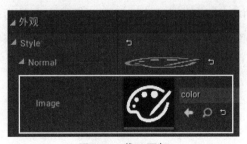

图7-22　载入图标

(4) 为"HUD"添加鼠标点击事件。进入"图表"界面，为控件"颜色选择"创建引用变量。用鼠标单击事件连接，如图7-23所示，设置颜色切换界面的打开与关闭。

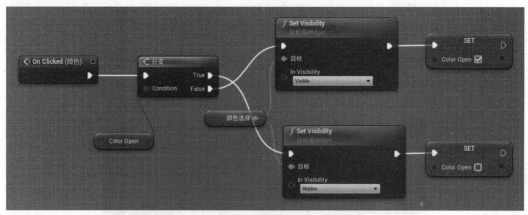

图7-23　UI点击事件

(5) 在控件蓝图"颜色选择"中，创建三个按钮，命名为"红色""蓝色""白色"，分别在"外观""图像"中载入相应的三张图片，如图7-24所示。

图7-24　加载按键图标

(6) 进入事件图表，为"红色"按键添加鼠标点击，为其连接至"Switch on Variant by Name"(按命名切换变体)。其中"Variant Set Name"为"车漆颜色"，"Variant Name"为"红色"。如图7-25所示，输入的名称必须与变体管理器中变体的名称一致。

图7-25　读取变体管理器

(7) 将内容浏览器中创建好的变体管理器拖入场景空白处后，单击"运行"。此时屏幕上会显示之前加载的颜色图标，鼠标单击后，弹出颜色选择界面。单击"红色"图标，场景中的汽车车漆自动切换至对应颜色，如图7-26所示。

图7-26　运行画面

同理，用户在UI面板中可创建切换视角、开关车门与车灯等按键，并在事件图表中通过蓝图通信，调用汽车蓝图或关卡蓝图中的相应事件，以此实现其功能。

7.5　视觉设置

1. 照明

三维场景的照明方式一般分为灯光直接照明和高动态范围成像环境照明(high dynamic range imaging，HDRI)两种。本案例主要使用HDRI环境照明的方式。

将HDRI图像用作背景，能在视觉丰富的情境下最为有效地展示模型。将HDRI图像用作产品可视化背景的关键优势在于设置相对较快、可自定义，同时能获得精美的光照和反射，但仅将HDRI图像用作背景还不够。为了实现更好的效果，在HDRI图像环境中需结合背景平面捕捉阴影，当物体被照亮时，阴影将投射到此平面，从而在可视化放置物体和背景之间创造一致性。

(1) 启用HDRI背景。在使用此功能前，需要先为项目启用HDRI背景插件。在虚幻引擎编辑器中打开项目，在主菜单中选择编辑—插件。在渲染目录下找到"HDRI Backdrop"插件并勾选启用，如图7-27所示。

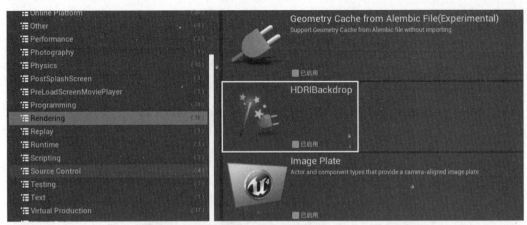

图7-27　载入HDRIBackdrop插件

(2) 置入场景。在放置Actor(Place Actors)面板的照明(Lights)下，单击并将"HDRI Backdrop"(HDRI背景)资产拖入关卡视口。如图7-28所示，在使用HDRI照明后，模型表面获得了自然的光照效果，并获取了环境中的真实反射与投影。

图7-28　HDRI场景照明

2. 环境反射

虚幻引擎中的环境反射功能为场景的每个区域提供了有效的环境反射效果。汽车车漆、玻璃等诸多材质都依赖于环境反射，其针对的是PC端和高性能的游戏主机，因此运行速度极快。同时，环境反射功能能够支持动态对象或尖锐反射，但需要额外的内存开销。

(1) 在场景中构建环境反射，需要在场景中添加光源，因为显示反射环境需要一些间接漫反射光照。

(2) 在"Visual Effects"(视觉效果)选项卡放置Actor(Place Actors)面板中的"球体反射采集"并拖入关卡，确保汽车模型在采集盒子的范围内。

(3) 在构建菜单中，选择"编译反射捕获"，此时引擎变化对环境进行计算，车漆、玻璃等表面有光泽的材质就能反射HDRI环境中的内容。

7.6　平台发布

在项目完成之后，平台必须先对整个虚幻引擎项目进行打包，将其整合为EXE可执行文件，之后才能将其发布给用户。打包要确保所有代码和内容都是最新的，且格式正确，以便在目标平台上运行。在打包过程中，所有项目特定的源代码会被编译。代码编译完成后，所有用户所需的内容都会被转化成目标平台可以使用的格式。编译后的代码和经过烘焙的内容将被打包成一组可发布的文件，例如安装程序。

1. 设置地图模式

用户需要设置默认地图，打包好的项目会在启动时加载这张地图。假如没有设置地图，并且引擎使用的是空白项目，那么打包好的游戏在启动时只会显示为漆黑的空白场景。

在编辑器的主菜单栏中单击"Edit"(编辑)—"Project Settings"(项目设置)—"Maps & Modes"(地图和模式)，如图7-29所示。

图7-29　设置默认地图

2. 创建打包文件

若要为特定平台打包项目，在编辑器的主菜单栏中单击"File"(文件)—"Package Project"(打包项目)—"Platform Name"(平台名称)，这时会出现一个提示选择目标路径的对话框。如果成功完成打包，此目录将保存打包的项目。

确认目标路径后，就可以开始为所选平台打包项目了。由于打包非常耗时，整个过程会在后台执行，可以继续使用编辑器。编辑器右下角会显示一个状态指示器，提示打包进度。

状态指示器还有一个"Cancel"(取消)按钮来停止打包过程。此外，"Show Log"(显示日志)链接可以用来显示额外的输出日志信息，假如想找出打包的失败原因，或者捕捉可能揭示潜在漏洞的警告信息，这些日志会非常有用。一些重要的日志消息，例如错误和警告消息，都会输出到常规的"Message Log"(消息日志)窗口中，如图7-30所示。

图7-30　消息日志

3. 发布

虚幻引擎可以将项目发布在Windows、IOS和Android平台上。

对于Windows平台，可使用发行模式直接打包发布。

对于iOS平台，需要在Apple的开发人员网站上创建发布证书(Distribution Certificate)和移动设备配置(MobileProvision)，以安装开发证书的方式安装发布证书，并以"Distro_"为前缀命名发布配置，紧接着命名另一个配置。

对于Android平台，需要创建一个密钥来签署".apk"文件，并使用名为"SigningConfig.xml"的文件向编译工具传递一些信息。该文件位于引擎的安装目录(Engine/Build/Android/Java/)中。

练习题

1. 试述Datasmith插件的作用和工作流程。

2. 变体管理器有什么功能？它在产品展示系统中可以用于哪些方面？

第8章　元宇宙，虚拟现实的未来

"元宇宙"一词最早出现在尼尔·斯蒂芬森于1992年出版的小说《雪崩》中。在小说中，元宇宙是一个融合了虚拟现实、增强现实和互联网的虚拟共享空间，既是工作和休闲之所，也是艺术和商业中心。2021年10月，扎克伯格宣布Facebook公司更名为"Meta"，同时将"Meta"从一家社交媒体公司转变为一家元宇宙公司。在国内，腾讯、百度、字节跳动等各大互联网公司也相继发布了未来关于元宇宙的宏伟蓝图。

那么，"元宇宙"究竟是什么呢？它的英文Metaverse是由Meta和universe组成的，字面意思是超越宇宙，实际上它是用来描述关于互联网的未来不断更新迭代的一个概念。具体来说，就是打破现实生活中的各种局限，借助虚拟现实技术与元宇宙的概念去开发一个虚拟的共享空间，从而去创建一种新的文明和共识。"元宇宙"相当于所有虚拟现实、增强现实和互联网的总和。

8.1　元宇宙与虚拟现实

元宇宙是由虚拟现实技术和增强现实技术所构建的一个虚拟空间，它将现实世界与虚拟世界相融合，为用户提供了一种全新的沉浸式体验。与传统的虚拟现实相比，元宇宙拥有更高度的互动性与自由度、更广阔的维度与用户空间。传统虚拟现实技术的体验平台基本是封闭的，持久性仅存在于特定的应用中，平台之间没有连续性，不同平台之间的资源没有办法共享，并且与用户在现实世界中的个人经历没有联系；而元宇宙是相互关联的世界，不同的平台可以共享资源，其本身即是一个持久的世界，用户可以创建、购买和拥有虚拟产品，对现有的互联网进行增强或者取代，并且能将用户在现实中的身份代入至元宇宙世界。

元宇宙就是VR/AR眼镜里面的整个互联网。VR/AR眼镜等可穿戴设备是将来取代手机的下一代移动产品，而元宇宙就是互联网在这个新平台上的呈现，它涉及社交、电商、教育、游戏、娱乐等领域。如今，互联网上的各种应用在元宇宙的平台上都有相应的呈现方式。元宇宙主要有多感官交互、全球共享、实时互动和智能化等特点。

1. 多感官交互

元宇宙时代，人机交互方式将产生颠覆式的创新，交互设备、交互内容、交互体验都将被带到新高度。在元宇宙发展初期，现实世界中的人可以通过VR/AR等虚拟显示设备完全沉浸在一个虚拟世界里，人机交互方式不只局限于手和眼睛，还可以通过肢体动作捕捉与虚拟世界互动，使视觉和听觉的感官体验更加逼真，从而可以获得触觉、嗅觉、味觉等多维度感官体验。同时，交互方式呈现出由孤立到融合的趋势，根据不同交互通道的特点和场景适用性，人们广泛探索触控、语音、手势、人脸等多种交互方式的融合应用，以适应不同情景需要。随着AI、脑机接口等技术的进步，元宇宙也发展到了高级阶段，脑机交互技术可以准确读取人脑信息，人类通过脑机接口直接将意念传递给智能体完成交互，即人类将自己的指令通过脑电波输入至虚拟世界，同时虚拟世界也将反馈传送和呈现在人的大脑中，人机交互的终极方式将从时间和空间上完全解放用户，如图8-1所示。

图8-1　多观感交互

2. 全球共享

元宇宙被认为是下一代互联网，它能使用户随时随地与来自世界各地的人共同参与元宇宙中的活动，打破地域限制。它的建立与互联网的建立秉承大致相似的原则，但需要开发新的标准，创建新的基础设施，包括对长期存在的TCP/IP协议进行改革，以及提供新的设备和硬件。

3. 实时互动

元宇宙使用户与用户之间的沟通与合作更加便捷，能够支持大量用户在同一时间、不同地点体验同一事件，实现与真实世界中一致的社交体验。元宇宙的社交突破了虚拟社交的局限，通过全息虚拟影像技术，可以还原现实世界中的真实场景，如图8-2所示。同时，由于AR、VR、XR等技术的应用，用户在元宇宙场景中可以自由互动，极大地提高了用户的沉浸式社交体验，增加了用户黏性。另外，基于元宇宙开放、去中心化的特点，用户的个人数据属于自己，用户可以自由设置想展示的个人信息，例如性别、年龄等。元宇宙中的用户若想要获得其他用户的私人数据，需要与用户本人协商。这大大提高了用户数据隐私权的保护程度。

图8-2　实时互动

4. 智能化

通过人工智能技术，元宇宙能够自动识别和响应用户的行为，为用户提供更加个性化的服务，如图8-3所示。以AI为核心，元宇宙可以达到新的高度。AI驱动的系统可以提供更高级别的交互，近乎实时地响应对话，根据用户行为做出决策，而复杂的算法能确保虚拟世界不断发展，从而为用户提供不重复的体验。

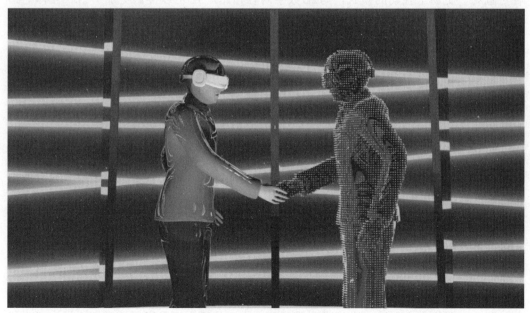

图8-3　元宇宙与人工智能

8.2 元宇宙的构建

8.2.1 元宇宙的定义

元宇宙是一个可以承载所有虚拟活动的平台，具有可信的资产价值和身份认证，实现了现实世界底层逻辑的复制。元宇宙本质上是对现实世界虚拟化和数字化的过程，它需要对经济体系、内容生产、交互体验和物理世界内容进行大量转换。用户可以通过元宇宙开展社交、创作、教育、娱乐、交易等活动，这将对用户的生产和生活方式产生潜移默化的影响。

我们将元宇宙定义总结为能够实时渲染3D虚拟世界的大规模、可交互操作的网络，借助身份、历史、权利、通信和支付等大量的连续性数据，可以让无限数量的用户体验实时同步和持续有效的在场感。元宇宙的构建是为了打破现实生活中的各种局限，通过其概念开发一个虚拟的共享空间，从而去创建一种新的文明和共识。

8.2.2 构建元宇宙的七个要素

元宇宙由七个基本要素构建，即3D虚世界、去中心化、产权、开放性、实时同步、大规模扩张，无限用户。

1. 3D虚拟世界

由计算机生成的3D虚拟世界被认为是元宇宙的一个关键部分。3D对用户来说是一种更直观、更易于互动的模式，与2D数字内容相比，3D可以提供更加丰富、立体的画面细节，结合视频与音频，能够为用户带来身临其境的感觉。正是因为有了3D，元宇宙才能区别于传统的互联网。

3D虚拟世界和仿真模拟的出现以及VR和AR头显的改进，将从根本上重塑和改变人类的生活方式。在元宇宙中，每个用户都拥有一个虚拟化身，可与朋友"面对面"交流，可以去上一节感兴趣的元宇宙课程，或是参加一场元宇宙演唱会。

2. 去中心化

去中心化是元宇宙的一个重要原则，元宇宙的许多其他特性都依赖于这个概念或由此产生。去中心化指的是不被单一的实体拥有或运营，也不受少数权力层的支配。中心化平台往往一开始倾向于友好和乐于合作，以吸引用户和开发者，但一旦增长放缓，各个平台的关系就会变得具有竞争性和掠夺性。例如某些互联网平台开始通过发放消费券、红包等方式吸引用户，当用户习惯和依赖这些平台之后，就开始增加对用户的各方面限制。

对元宇宙来说，去中心化是很重要的。如果没有去中心化，任何人在任何时候都可能被阻止在元宇宙中创造，进而阻碍了创新。中心化平台不能像区块链那样做出"由代码控制"的强大承诺，因此只要某些组织对某些安排有突发奇想，它们的承诺就会被撤销或更改，而防止此类行为和保护元宇宙的最有力方法就是确保控制权的去中心化。

3. 产权

与现实世界中一样，人们购买的虚拟商品必须能够在整个元宇宙中持久存在。多数成功的电子游戏都是通过出售游戏内置道具来盈利的，比如"皮肤""武器装备"和其他数字商品。但实际上，玩家并不是在购买道具，而是在租用道具。一旦玩家离开去玩另一个游戏，或者这个游戏单方面决定关闭或改变规则，玩家就会失去对这些道具的拥有权限。元宇宙应该允许用户无论在哪里或者做什么，他们所取得的资产、成就等都能在众多的虚拟世界中得到认可。因此需要制定统一的标准，使不同企业、不同生产商之间的内容能够互通。否则，一旦不同派别各行其是，统一的元宇宙将不能实现。保持虚拟物品产权的稳定性对于构建元宇宙来说非常重要。

4. 开放性

元宇宙承载起一个可根据用户自由意志进行创新创造的开放性生态，人人都是参与者和创作者，用户可以自由地创建、共享和交易内容，并且在平台里实现不同端口的协同互联。

这样的开放性促进了创新和合作，使得元宇宙成为一个有活力的生态系统，能够吸引更多的开发者参与其中，实现生态的丰富和多样化。此外，接入元宇宙的硬件设备也需要有很好的兼容性，低门槛的操作设备将会促使更多的用户实时在线。

元宇宙代码的开源性也十分重要。这里的"开源"是指让代码免费提供并且能够随意重新分发和修改的做法。开源和开放性有助于程序员和创造者进行创新。当代码库、算法、市场和协议成为透明的公共产品时，程序员和创造者可以追求他们的愿景和雄心壮志，以构建更复杂、更可靠的体验。

5. 实时同步

在元宇宙中，一切事件是基于时间线同步发生的，用户的所见所得应与其他人的经历相同。要做到这一点，虚拟世界中的每个参与者都必须有一个较好的网络状态，即一个能够在特定时间内传输大量数据的互联网高速宽带和一个低延迟、不间断的虚拟世界服务器。网络状态越好，服务器响应越快，就越容易实现同频刷新。实时同步性对于未来元宇宙的发展方向和增长趋势至关重要。网络能力也将在很大程度上定义并限制元宇宙中的哪些内容是可行的以及何时可行。

6. 大规模扩张

元宇宙的发展遵循与互联网发展相似的原则，它不只是少数开发者所拥有的少数门户网站，而是由众多开发者所构建的大规模虚拟世界组成的。每个用户既是使用者，又是开发者，可以创造无限内容。此外，元宇宙中还可能存在"元星系"。元星系是一个虚拟世界的集合，它是由单一的权力机构运作(如某家元宇宙公司)的，并通过一个"连接元"将众多元星系联系起来。

7. 无限用户

理想的元宇宙应该能够容纳无限用户同时在线，而不是像今天的网络游戏那样，受到网络与硬件的制约，只能支持50～100个用户并发操作。并发性是元宇宙需要解决的一个基本问题，服务器在单位时间内处理、渲染和同步的数据量呈指数级增长时才能实现并发性。因此，只有当元宇宙能够支持大量用户在同一时间、同一地点体验同一事件，同时不以牺牲用户体验为代价时，元宇宙才能真正实现。

8.2.3 元宇宙的技术构成层次

元宇宙基于扩展现实和技术为用户提供沉浸式体验，在数字孪生技术的基础上生成现实世界的镜像，在区块链技术的基础上构建经济体系。不管是经济体系、社会体系还是身份体系，都要通过元宇宙将虚拟世界与现实世界紧密结合，并且允许每个用户进行内容制作和世界编辑。我们将元宇宙的技术构成分为全息构建、全息仿真、虚实结合三个层次。

1. 全息构建

简单来说，全息构建就是构建出虚拟世界的三维模型，这是构建元宇宙的第一层。通过在终端设备上显示真实世界的三维模型，营造出一种沉浸式的用户体验。这一项技术是元宇宙技术构建中的最浅层，用户只需要一个虚拟现实设备就能实现。例如，VR看房、VR看车等应用，就停留在这一层。

2. 全息仿真

全息仿真是构建出虚拟世界的动态过程，让虚拟世界无限逼近真实世界，让用户在虚拟世界中获得一种比较真实的交互体验。这也是VR技术所追求的目标。例如，仿真模拟、VR游戏及数字孪生应用技术，就停留在这一层。

如果前两层技术都能实现，那么就能构建出一个比较完美的VR世界。

3. 虚实结合

虚实结合就是把虚拟世界和真实世界融合到一起，也就是我们常说的AR(增强现实)。具体做法是通过对现实世界的扫描，构建出现实世界高精度的三维地图，在这个地图中实现精准定位，从而准确地将虚拟信息与现实世界进行融合。如果能实现虚实结合，我们就能构建出一个完美的AR世界。与VR世界不一样，AR世界更加强调与现实的结合。

实现上述三个层次的技术后，虚拟世界和真实世界的界限将被打破，有了这三层技术的支撑，我们所说的元宇宙才能初步实现。

8.3 元宇宙对未来社会的影响

8.3.1 元宇宙将改变人们的工作和生活方式

通过元宇宙，人们可以在虚拟世界中进行工作、学习、娱乐等活动，减少现实世界中出现的问题对工作和生活的影响。

1. 工作方面

元宇宙可能会为用户提供一种在远程工作时与客户、同事联系的新方法。人们可能不再需要长途跋涉去上班，这可能会使得劳动力更具适应性和分散性，还可以为中小企业的发展开辟新的可能性，使其能够与全球客户建立联系，并以新鲜和创造性的方式与客户互动，如图8-4所示。

图8-4　元宇宙会议

2. 学习方面

通过立体显示、触觉反馈、眼动跟踪等元宇宙重点技术，传统的面对面教育模式可能会被远程教育模式取代，尤其是在职业教育、成人教育、课外培训等行业。实时渲染的3D技术可以把学习的课堂带到任何地方，丰富的虚拟体验可以极大地增强学习过程的趣味性，从而可以扩充学习渠道并降低学习成本。

3. 生活与娱乐方面

元宇宙采用3D全息影像、沉浸式头显、运动捕捉等技术，为人们的娱乐、交友、医疗、运动等方面带来更好的体验。

8.3.2 元宇宙将改变商业模式和经济结构

伴随着元宇宙的到来，越来越多的企业开始尝试数字化转型，以便在元宇宙中占有一席之地。数字化转型是企业从传统商业模式向数字商业模式转型的过程，目的是实现企业的数字化升级，提高运营效率和盈利能力。数字化转型可以通过人工智能、物联网、云计算等技术手段实现。

元宇宙技术可以为企业带来新的商业模式，例如虚拟旅游、数字化教育、虚拟购物等。比如，传统的服装企业可以借助元宇宙技术打造虚拟试衣间，让用户在线实现试穿，提升用户购买体验；传统的教育机构可以借助元宇宙技术打造虚拟课堂，实现线上授课，提高教学效率。

元宇宙为企业提供了全新的商机和市场，例如虚拟商品的交易、虚拟广告的投放等。

NFT(non-fungible token，非同质化通证)现已成为区块链最热门的技术之一，它能够提供一种独一无二的数字资产，用来证明数字产品的所有权。NFT映射着特定区块链上的唯一序列号，具有不可篡改、不可分割以及不可替代性。正是这些特质使NFT在数字艺术品领域极为火热。

当大量的用户参与元宇宙之后，流量随之而来，而广告也会自然而然地在此设立。流量越多，广告的价值越大。元宇宙将发起复杂而有创意的广告活动，模糊实体和虚拟之间的界限。3D渲染的广告牌可以在虚拟世界中随处可见，与真实世界的广告相比，虚拟世界的广告投放规模可以无限扩大，而成本却可以忽略不计，如图8-5所示。

图8-5　元宇宙中的广告

8.3.3 元宇宙将改变人与人之间的交流方式

社交是元宇宙的核心功能之一。未来，元宇宙将成为人们的社交平台，为人们带来全新的社交方式和体验。

1. 元宇宙可以为人们提供更加沉浸式的社交体验

在元宇宙中，人们可以通过虚拟现实技术将自己置身于一个高度逼真的虚拟环境中。这样可以打破时间和空间的限制，让人们可以在任何时间、任何地点进行社交活动。

例如，人们可以在元宇宙中参加朋友们举办的虚拟舞会，还可以体验到更加真实的互动和交流。

2. 元宇宙可以为人们提供更加多样化的社交方式

在元宇宙中，人们可以通过虚拟角色、虚拟空间、虚拟物品等进行社交。例如，人们可以在元宇宙中购买虚拟房产，邀请朋友们来参观和聚会；人们还可以在元宇宙中收藏虚拟艺术品、参加虚拟音乐节等。这些多样化的社交方式可以满足人们的不同需求和喜好，如图8-6所示。

图8-6　元宇宙社交

3. 元宇宙可以为人们提供更加智能化的社交服务

未来，随着人工智能技术的发展，元宇宙中的社交服务将更加智能化和个性化。例如，人工智能可以根据用户的兴趣和喜好，推荐相关的虚拟物品和活动；还可以根据用户的社交行为和习惯，提供更加个性化的社交建议和服务。这些智能化的社交服务将使人们更加便捷地体验到不同的文化和艺术。

8.4　元宇宙之数字孪生

8.4.1　数字孪生的概念

数字孪生(digital twin)是一种将物理实体的数字表示与实时数据和环境信息相结合的技术，它能够为物理实体的设计、测试、操作和维护提供全面的视角和数据支持，实现物理世界与数字世界的紧密结合。数字孪生可以被视为一个或多个重要的、彼此依赖的装备系统的数字映射系统，这一概念最初来自航空航天领域，后来扩展到工业、建筑、能源等领域。数字孪生可以用于仿真、优化、预测和监测物理实体的运行状态、性能和行为，为决策者提供全面的数据支持。

元宇宙是虚拟世界的概念，具有高度互动性和高度仿真性，用户可以在其中创造、交互、交易、学习等，具有广阔的应用前景。数字孪生是一种虚拟仿真技术，应用领域包括制造业、航空航天、建筑工程等，可以提高生产效率、降低成本、优化维护等。从差别来看，元宇宙注重的是虚拟世界的创造和交互，强调用户的体验和互动性；而数字孪生注重的是物理实体的数字化模拟和管理，强调数据的采集和分析。从联系来看，两者都是基于虚拟化技术的应用，都可以提供更加智能化的服务和解决方案，在某些领域两者有重叠并能相互促进。

8.4.2　数字孪生的工作原理

数字孪生系统通过从资产传感器获取输入，将物理机器与虚拟世界连接起来。传感器将实时数据发送到连接的设备或云端，用户可以通过从云端或边缘计算设备提供的实时产品数据制作资产的虚拟副本。资产虚拟副本是资产的数学模型，用户可以分析和模拟副本中的资产。通过这种方式，系统就可以模拟实际工作条件下资产的性能。例如，汽车生产商通过数字孪生技术，将汽车的实时传感器数据发送到云端；然后传感器数据在云端为该车辆创建数字模型，该模型与实际车辆相似。这样生产商就可以使用数字孪生体，通过在虚拟世界中运行仿真车辆来分析车辆各种参数及性能。据此，车辆工程师可以加深对现有产品的理解，并根据数字孪生数据改进产品。

数字孪生主要使用如下多种技术来提供资产的数字模型。

1. 物联网

物联网是指互联设备的集合网络，以及促进设备与云之间和设备自身之间通信的技术。由于价格低廉的计算机芯片和高带宽电信的出现，目前已有数十亿台设备连接到互联网。数字孪生依靠物联网传感器数据将信息从真实世界的物体传输到数字世界的物体，然后将数据输入到软件平台或控制面板中，用户可以在其中实时查看数据。

2. 人工智能

人工智能是致力于解决通常与人工智能相关联的认知性问题的计算机科学领域。其中认知性问题包括学习问题、模式识别问题等。机器学习是一种开发统计模型和算法的人工智能技术，它可以使计算机系统在没有明确指令的情况下，依靠既有模式和推理来执行任务。数字孪生技术使用机器学习算法来处理大量传感器数据并识别数据模式。人工智能和机器学习提供有关性能优化、维护、排放输出和效率的数据见解。

3. 虚实映射

数字孪生技术要求在数字空间构建物理对象的数字化表示，现实世界中的物理对象和数字空间中的孪生体能够实现双向映射、数据连接和状态交互。数字孪生技术将制造业的历史数据转换为数字化展示，搭建一个云端工厂，线上线下实现数据互通，以此进行模拟生产、指导生产。

4. 实时同步

基于实时传感等多元数据的获取，数字孪生体可全面、精准、动态反映物理对象的状态变化，包括外观、性能、位置、异常等。在日常生产中，一旦出现问题势必影响生产效率，而在模拟操作中所有的问题点都会一一暴露。在生产项目实施之前先规避风险点，这正是有效解决降本增效难题的方式。

8.4.3 数字孪生的应用领域

1. 制造业

数字孪生正在颠覆制造业中产品生命周期的管理，从设计到制造，再到服务和运营，数字孪生都能对其模拟，并能提供智能化的服务和解决方案。以往，产品设计、制造、智能化、服务和可持续性改进等方面都非常耗时，而数字孪生可以融合产品物理空间和虚拟空间，使企业掌握所有产品的数字足迹，从而提升各个环节的效率。在制造过程中，数字孪生系统就像工厂生产的物品的虚拟复制品。整个物理制造过程中放置了数千个传感器，所有传感器都从不同维度持续收集数据，例如环境条件、机器的行为特征和正在执行的工作，如图8-7所示。

由于物联网的存在，数字孪生变得更加便宜，它可以推动制造业的发展。对于工程师来说，可以使用通过数字孪生设计的产品。具有实时功能的真实产品的数字孪生系统的出现，使资产维护和管理的先进方法变得触手可及。

数字孪生可以预测产品的未来，具有巨大的商业潜力。制造业的未来将由四个方面驱动，即模块化、自主性、连接性和数字孪生。随着制造过程各个阶段的数字化程度不断提高，实现更高生产率的机会正在出现。模块化能够提高生产系统的效率。自主性能够使生产系统以高效、智能的方式响应突发事件。物联网可使数字化循环的闭合成为可能，从而允许系统优化后续的产品设计和推广周期以获得更高的性能，当系统能够在产品出现故障之前确定问题时，可能会有效提高客户满意度和忠诚度。随着存储和计算成本变得越来越低，数字孪生的使用方式将不断增加。

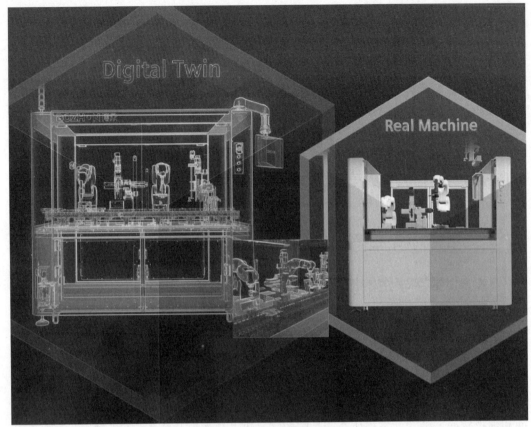

图 8-7　数字孪生与制造业

2. 城市规划建设行业

鉴于智慧城市运动中对数字技术的需求日益增长，地理数字孪生在城市规划实践中得到了普及。这些数字孪生技术通常以交互式平台的形式提出，用于捕获和显示实时3D和4D空间数据，以便对城市环境(城市)及其内部的数据馈送进行建模。

增强现实系统等可视化技术被用作建筑环境设计和规划的协作工具，集成来自城市嵌入式传感器的数据源和应用程序编程接口(application programming interface，API)服务以形成数字孪生。例如，增强现实可用于创建增强现实地图、建筑物和其投影到桌面上的数据源，供建筑环境专业人员协作查看，如图8-8所示。

在建筑环境中，部分模块采用建筑信息化模型(building information modeling，BIM)流程，规划、设计、施工以及运营和维护活动日益数字化，而建筑资产的数字孪生被视为一种逻辑延伸。1996年，英国希思罗机场1号航站楼建造的希思罗快线设施是数字孪生最早的案例。设计师将围堰和钻孔中的运动传感器连接到数字对象模型，以显示模型中的运动，据此制作了一个数字灌浆对象来监测将灌浆泵入地球以稳定地面运动的效果。

图8-8　数字孪生与建筑行业

3. 医疗保健行业

医疗保健是一个被数字孪生技术颠覆的行业。在医疗行业，数字孪生被用于产品或设备预测。借助数字孪生，人们可以通过采用数据驱动的医疗保健方法来改善健康状况。数字孪生技术使得医院为患者建立个性化模型成为可能，系统可跟踪患者的健康状况和生活方式，从而不断调整参数，最终产生虚拟患者，并详细描述患者的健康状态。此外，数字孪生可以将患者个人记录与总体记录进行比较，以便更轻松地找到详细的健康模式，如图8-9所示。数字孪生给医疗保健行业带来的最大好处是可以定制医疗保健方案以预测个体患者的反应，不仅可以在定义个体患者的健康状况时优化解决方案，而且可以改变健康患者的预期形象。

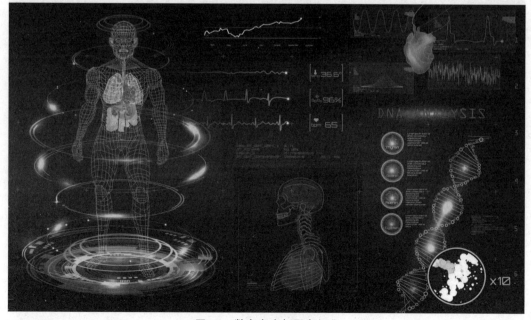

图8-9　数字孪生与医疗行业

4. 汽车工业

在汽车行业，数字孪生技术通过使用现有数据来促进流程实施并降低边际成本。汽车设计师可通过结合基于软件的数字能力来扩展现有的物理物质性。例如，汽车工程师将数字孪生技术与分析工具结合使用，以分析特定汽车的驾驶方式，如图8-10所示。在此过程中，他们可以建议在汽车系统中加入新功能，以减少车祸发生。这在以前，是不可能在如此短的时间内实现的。数字孪生不仅可以为单个车辆提供支持，还可以为整个移动系统构建方案，其中包括人(例如驾驶员、乘客、行人)、车辆(例如联网车辆、联网和自动驾驶车辆)和交通系统(例如交通网络、交通基础设施)，可以从部署在边缘云服务器上的数字孪生寻求指导，以执行实时决策。

图8-10　数字孪生与汽车工业

8.5　元宇宙之数字人

随着元宇宙的兴起，虚拟数字人作为元宇宙的重要基础设施也成为人们关注的焦点。在元宇宙中，数字人可以扮演各种角色，例如游戏角色、社交平台的虚拟主播、虚拟导游等。数字人可以通过元宇宙实现与用户的互动和交流，用户可以在虚拟世界中获得身临其境的体验。与电脑游戏中的NPC(non-player character，非玩家角色)角色不同，元宇宙中的数字人可以通过用户的语气、面部表情和肢体语言进行智能判断，并运用自身的表情和语言进行回应。

8.5.1 数字人的定义

数字人(digital man)是指使用人工智能、机器学习、深度学习等技术，实现一定的行为能力、认知能力或情感表现，并在元宇宙中完成相应任务，最终实现虚实融合的人类。数字人属于人工智能技术范畴，它的本质是人机交互，是人的数字化投影。随着计算机图形学、深度学习、语音合成、类脑科学等聚合科技的进步，虚拟数字人正逐步演进成为新物种、新媒介，越来越多的虚拟数字人正在被设计、制作和运营，应用场景得到了极大的扩展。目前，虚拟数字人市场仍处于前期培育阶段，多元化的数字人角色包含虚拟偶像、虚拟主播、虚拟员工等，虚拟数字人开始布局各种可能性赛道，越来越多的行业正在打造自己的"虚拟数字人"形象，如图8-11所示。虚拟数字人具有真实的形象，丰富的表达能力，新颖的交互能力，它兼备真实世界的对应身份和数字世界的普遍特征，是现实世界的人物在数字世界的镜像化身份反应。

图8-11 数字人"柳叶熙"

根据驱动方式的不同，数字人可分为智能驱动型和真人驱动型两种。智能驱动型数字人可通过智能系统自动读取并解析识别外界输入信息，根据解析结果决策数字人后续的输出文本，然后驱动人物模型生成相应的语音与动作来使数字人与用户互动。该人物模型是预先通过AI技术训练得到的，可通过文本驱动生成语音和对应动画。真人驱动型数字人是通过动作捕捉采集系统将真人的表情、动作呈现在虚拟数字人形象上，从而与用户进行交互。

8.5.2　数字人的应用场景

1. 虚拟代言人

　　虚拟数字人是诸多技术的集成，它凭借自带科技感、话题属性的天然优势，成为品牌关注的焦点。相对于传统IP与真人明星的品牌代言，虚拟数字人稳定性更强，可有效避免人设"塌房"[①]风险、出错风险。同时，虚拟数字人也具有非常强的可塑性，可以根据品牌方的需求进行定制，满足品牌对个性化呈现的需求，帮助品牌构建符合自身品牌特性的虚拟代言人，不仅整体成本更低，而且推广效果更好。

　　百度AI数字人"希加加"(见图8-12)是由AI创造的虚拟偶像，不仅能进行语言、面部表情和肢体动作的表达，还能够像人类一样对话、行动，更重要的是，"希加加"可进行自主学习及迭代，还可以基于AI能力进行创作，快速生成内容。"希加加"拥有八大核心能力，包括面部驱动、口型驱动、变声器、PLATO实时语言互动、任意换妆或换装、机器学习唱歌、跳舞以及高精度数字人实时直播。比如，通过面部AI驱动系统，"希加加"可捕捉人脸表情数据并实时呈现。"希加加"作为"麦当劳"首位虚拟推荐官，一方面对内容玩法给予启示，拓宽思路，向行业展示了品牌启用虚拟代言人的全新可能；另一方面也对品牌年轻化的营销方向进行多维度展现，或将引领未来元宇宙场景式营销的发展。

图8-12　百度AI数字人"希加加"

---

① 塌房，网络流行语，饭圈的一个用词，表面意思为"房子塌了"，引申到追星中，就主要指爱豆在粉丝们心目中形象的坍塌。

数字人"苏小妹"作为国内首个智能动作融合超写实数字人，以历史传说中的人物为原型，利用虚拟数字技术，以虚实融合的方式为历史人物赋予新的生命力。通过数字雕刻、真人光场采集及AI算法，使苏小妹从表情到肢体动作都趋于真人般自然灵动，兼具情感交互能力，拥有和真人一样的人设标签，能够实现5000个以上的真实面部表情。凭借优质形象，苏小妹先后成为眉山市"数字代言人"和苏州市相城区"数字推荐官"。未来，苏小妹将通过短视频、新闻播报、数字直播、数字展演等方式，持续与观众见面，如图8-13所示。

图8-13 数字人苏小妹

2. 虚拟主播

电商直播被看作虚拟主播变现营业的最佳渠道，体现"创意""新玩法"的直播形式成为品牌营销中的刚需，随着虚拟技术和5G逐渐普及，VR、AI等虚拟技术被引入电商直播间，使用虚拟形象进行电商直播(见图8-14)，或许能更好地促进企业传递品牌价值，带来更高效的用户转化。AI数字人虚拟主播可以长时间直播，不间断地播报信息，轻松获取各个时间段零散的自然流量，不仅可以持续提升品牌曝光率，还可以大大降低人工成本和运营费用。此外，AI数字人虚拟主播的人设更加安全稳定。真人明星主播塌房事件频发，使用虚拟主播能有效避免主播出走、负面新闻对品牌造成的风险。

图8-14 虚拟主播直播带货

3. 虚拟模特

元宇宙时代，电商行业的竞争将会更加激烈，商家必须不断创新，才能吸引更多消费者。在产品展示方面，数字虚拟模特的出现将会逐渐替代传统的真人模特。虚拟模特具有完美的外表，可以根据需要设计理想的身材与面部特征，不会因为疲劳或者个人原因影响工作效率，还可以完成各种细致入微和极限动作的表演，如图8-15所示。与真人模特相比，数字虚拟模特的成本相对较低，商家无须考虑场地设备及人员运作成本，只需开发基础模拟技术就可以使用，并且可以多次使用，经济实惠。虚拟模特可以轻松地在不同的平台和渠道上展示，实现更广泛的覆盖范围，提高品牌知名度。此外，虚拟模特还可以通过不断学习和改进实现更逼真的表现。这意味着商家可以随着时间的推移提高产品展示质量，吸引更多的消费者。

4. 数字人IP形象定制化服务

数字人IP形象能让用户快速建立起品牌联想和品牌识别，用数字人代替真人服务，可以有效节省人员成本，为用户提供沉浸式体验。除此之外，数字人IP形象可以实现品牌差异化、年轻化，其具象的视觉刺激效果更容易被用户记住，并形成与产品或服务之间的关联，商家只要找准品牌调性，就能打造有性格、有态度的不同人设IP形象，让用户联想到相关的意象，如图8-16所示。

图8-15 虚拟服装模特

图8-16 数字人IP形象定制

8.5.3　数字人的制作技术

虚拟数字人的制作流程涉及诸多技术，制作方式仍在逐步进化中，存在某些步骤互相融合的趋势。虚拟数字人基础技术架构主要包括人物生成、人物驱动、人物展示三个模块。其中，人物生成是指数字人物模型的创建，即三维建模；人物驱动是指数字人的动作生成；人物展示是指数字人的三维渲染。

1. 人物生成

建模技术分为手工建模、图像采集建模、静态扫描建模。

(1) 手工建模。传统的手工建模是最初的建模手段，通过Maya、3Ds Max、Zbrush等三维建模软件进行建模、材质贴图制作。目前这种常规的建模方式仍广泛应用，但有较高的人力和时间成本，且需要一定的技术门槛。

(2) 图像采集建模。图像采集建模是通过几张真人照片还原人脸3D结构，但其精度不足以建立高质量模型，后期需要很多的人工修复。对于人物的毛发、眼睛等特殊部位，还需要单独使用其他软件进行制作。

(3) 静态扫描建模。静态扫描建模可细分为结构光扫描重建与相机阵列扫描重建。结构光扫描重建系统由投影仪与摄像头构成，其原理是投影仪投射特定光、摄像头采集信息，最后以图像处理和视觉模型复原整个三维模型。该技术为早期静态建模技术主流方案，精度可达0.1毫米，对设备要求相对较低，是一种比较经济的扫描方案。如今，相机阵列扫描重建正替代结构光扫描重建，成为主流的人物建模方式，其原理是将通过相机阵列拍摄的图片间的相同特征点进行匹配、校准以重建人物模型。该技术在国际上已成功商业化并被应用于电影、游戏制作中。

此外，还有未来重点发展的动态光场重建技术。这类技术可以在搭建精细几何模型的同时获得动态数据，高品质呈现光影效果。动态光场的原理是使用成系统的、独立的编程模块控制光源的亮度、颜色，与相机协同，模拟各种光照环境，获得不同光照下准确的模型。

2. 人物驱动

数字人的驱动主要分为面部动作和肢体动作两部分。

(1) 面部动作。面部动作中，最具挑战的是嘴部动作，其原理是以文本为起点，制作相关语音与动画，并通过大量模型训练，最终实现任意文本可驱动的模型。具体驱动方式是通过视频算法训练，将语音与动作绑定，从而实现从文本输入转换为特定动作，最后通过相关设备采集点，将真人的面部动作还原到模型当中。除嘴型以外，其他面部动作多采用随机策略，或通过脚本循环播放预先录制的动画，文本与动作间的匹配主要通过手动配置，未来将在AI技术的帮助下实现自动化。

(2) 肢体动作。目前数字人肢体动作主要的生成方式是动作捕捉。动作捕捉是指通过数字手段记录现实人们的运动过程。动作捕捉系统根据实现原理的不同，可以分为光学动作捕捉、惯性动作捕捉、跟踪设备+IK算法动作捕捉、以人工智能为主的动作捕捉。现阶段，光学动作捕捉和惯性动作捕捉占据主导地位，以人工智能为主的动作捕捉成为聚焦热点。

3. 人物展示

数字人的最终展示是通过实时渲染技术完成的。实时渲染技术重点关注交互性与时效性，适用于用户交互频繁的场景，例如游戏、虚拟客服、虚拟主播等，此类场景要求引擎能够快速创建图像。目前，图形生产硬件和可用信息的预编译等提高了实时渲染的性能，但其质量仍然受限于渲染时长以及计算资源。渲染技术的升级是综合实力的体现，每一次技术的提升也是对数字人皮肤纹理、3D效果、质感和细节等方面的巨大提升，目前常用的3D渲染引擎包括虚幻引擎5、Unity 3D、CryEngine等都具备丰富的应用经验。

"MetaHuman Animator"是由Epic Games公司开发的一款虚拟数字人创建工具，它可以让用户快速、直观地创造逼真且具备完整骨骼绑定的数字人虚拟化身而无须复杂的流程。MetaHuman Animator创建数字人包括以下两种方式。

(1) 通过网页端应用"MetaHuman Creator"，用户可以基于一个预设角色，通过"捏脸"的方式，操纵人物面部特征，调整肤色，并且从预设的身体类型、发型、服饰等范围中选择，如图8-17所示。制作完成的角色，包含完整的骨骼绑定并可以直接在虚幻引擎或者Maya中制作动画。

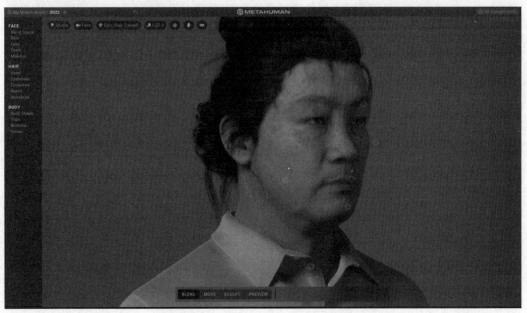

图8-17 网页端工具MetaHuman Creator

(2) 通过使用虚幻引擎中的插件Bridge，可以将扫描、雕刻或传统建模创建的自定义网格体转变成具有完整绑定的MetaHuman。然后，用户就可以在MetaHuman Creator中进一步完善角色，如图8-18所示。MetaHuman的预设基于对真实人类的预先扫描，并且仅接受合乎物理的调整，这使得创造逼真的数字人类变得很简单。用户通过海量的面部特征和肤色，以及各种不同的头发、眼睛和衣着选项，可以创造出一系列真正多元化的角色。

图8-18　在虚幻引擎5中使用自定义网格体

MetaHuman Animator还赋予创作者对于角色动作和表现的精细控制。程序会在幕后处理捕捉设备所发送的数据，然后将数据转化为用于MetaHuman的精准面部动画。它生成的动画数据简洁而精确，用户可以轻松做出美术方面的调整。通过动画系统的支持，创作者可以轻松地为虚拟角色添加各种动作和情感，这使得角色在游戏中的表现更加真实，玩家也能够更好地沉浸在虚拟世界之中。

练习题

1.元宇宙与虚拟现实有哪些区别与联系？

2.试述元宇宙的特点和构建元宇宙的关键要素。

3.未来元宇宙将会对人们的工作与生活方式产生哪些影响？

4.试述虚拟数字人作为形象代言人的利与弊。

参考文献

[1] 喻晓和. 虚拟现实技术基础教程[M]. 3版. 北京：清华大学出版社，2021.

[2] 吕云，王海泉，孙伟. 虚拟现实理论、技术、开发与应用[M]. 北京：清华大学出版社，2019.

[3] 黄心渊. 虚拟现实导论：原理与实践[M]. 北京：高等教育出版社，2021.

[4] 马修·鲍尔. 元宇宙改变一切[M]. 杭州：浙江教育出版社，2022.

[5] 刘小娟，宋彬. 虚幻引擎基础教程[M]. 北京：清华大学出版社，2022.

[6] William R S, Alan B C. Understanding Virtual Reality[M]. Burlington: Morgan Kaufmann, 2002.

[7] Tomasz M, Michael G. Virtual Reality: History Application, Technology and Future [J]. Institute of Computer Graphics, 2022.

[8] 何伟. 虚拟现实开发圣典[M]. 北京：中国铁道出版社，2016.

[9] 黄海. 虚拟现实技术 [M]. 北京：北京邮电大学出版社，2014.

[10] 卢翌. 虚拟人行业深度研究：元宇宙基石，多行业渗透[EB/OL]. https://baijiahao.baidu.com/s?id=1726352073978434158&wfr=spider&for=pc, 2022-03-04.